打开重庆乡村振兴新局面

重庆市农业资源区划应用研究（第七集）

贺德华　主编

中国农业科学技术出版社

图书在版编目（CIP）数据

打开重庆乡村振兴新局面 / 贺德华主编 . -- 北京：
中国农业科学技术出版社，2022.5
（重庆市农业资源区划应用研究；第七集）
ISBN 978 - 7 - 5116 - 5724 - 4

Ⅰ. ①打…　Ⅱ. ①贺…　Ⅲ. ①农村-社会主义建设-
研究-重庆　Ⅳ. ①F327.719

中国版本图书馆 CIP 数据核字（2022）第 056485 号

责任编辑　崔改泵
责任校对　贾海霞
责任印制　姜义伟　王思文

出 版 者　中国农业科学技术出版社
　　　　　北京市中关村南大街 12 号　邮编：100081
电　　话　（010）82109194（出版中心）（010）82109702（发行部）
　　　　　（010）82106629（读者服务部）
传　　真　（010）82106650
网　　址　http://www.castp.cn
经 销 者　各地新华书店
印 刷 者　北京建宏印刷有限公司
开　　本　170 mm×240 mm　1/16
印　　张　6.75
字　　数　120 千字
版　　次　2022 年 5 月第 1 版　　2022 年 5 月第 1 次印刷
定　　价　50.00 元

《打开重庆乡村振兴新局面
——重庆市农业资源区划应用研究（第七集）》

编写委员会

主　编　贺德华

副主编　袁昌定　高　敏　王绍熙　陈红跃　谭宏伟
　　　　车嘉陵　何道领　王　震　张　科　何发贵
　　　　刘丽娜　蒋林峰　刘　娟

编　者　贺德华（重庆市畜牧技术推广总站高级畜牧师）
　　　　袁昌定（重庆市畜牧技术推广总站研究员）
　　　　高　敏（重庆市畜牧技术推广总站畜牧师）
　　　　王绍熙（重庆市农业广播电视学校高级畜牧师）
　　　　陈红跃（重庆市畜牧技术推广总站研究员）
　　　　谭宏伟（重庆市畜牧技术推广总站高级畜牧师）
　　　　车嘉陵（重庆市巴南区动物疫病预防控制中心助理
　　　　　　　　兽医师）
　　　　何道领（重庆市畜牧技术推广总站高级畜牧师）
　　　　王　震（重庆市畜牧技术推广总站高级畜牧师）
　　　　何发贵（重庆市梁平区畜牧服务中心高级畜牧师）
　　　　刘丽娜（重庆市江津区畜牧兽医发展中心）
　　　　张　科（重庆市畜牧技术推广总站高级畜牧师）
　　　　蒋林峰（重庆市畜牧技术推广总站高级畜牧师）
　　　　刘　娟（重庆市梁平区屏锦镇农业服务中心高级畜牧师）
　　　　张　晶（重庆市畜牧技术推广总站畜牧师）
　　　　陈东颖（重庆市畜牧技术推广总站畜牧师）
　　　　韦艺媛（重庆市畜牧技术推广总站畜牧师）
　　　　张璐璐（重庆市畜牧技术推广总站高级畜牧师）
　　　　朱　燕（重庆市畜牧技术推广总站高级畜牧师）
　　　　谭千洪（重庆市畜牧技术推广总站畜牧师）
　　　　邓爱龙（重庆市畜牧业协会）
　　　　袁如月（重庆市畜牧业协会）
　　　　黄　川（重庆市畜牧业协会）

党的十九大在认真总结改革开放特别是党的十八大以来"三农"工作的成就和经验，准确把握"三农"工作新的历史方位的基础上，进一步提出实施乡村振兴战略。这是党中央从党和国家事业全局出发，着眼于实现"两个一百年"奋斗目标，顺应亿万农民对美好生活的向往作出的重大决策，是中国特色社会主义进入新时代做好"三农"工作的总抓手。习近平总书记指出，我国发展最大的不平衡是城乡发展不平衡，最大的不充分是农村发展不充分。因此，要改变农业是"四化同步"短腿、农村是全面建成小康社会短板状况，根本途径是加快农村发展。

2020年，全面建成小康社会取得伟大历史性成就，决战脱贫攻坚取得决定性胜利。我们向深度贫困堡垒发起总攻，啃下了最难啃的"硬骨头"。党的十九大提出实施乡村振兴战略，十九届五中全会进一步强调，要全面推进乡村振兴，加快农业农村现代化。从"实施乡村振兴战略"到"全面实施乡村振兴战略"，"全面"二字内涵丰富，既体现了乡村振兴已取得阶段性成果，又指向下一阶段将往扩面提质方向发力。

面对机遇挑战，"十四五"时期，是乘势而上开启全面建设社会主义现代化国家新征程、向第二个百年奋斗目标进军的第一个五年。民族要复兴，乡村必振兴。作为农业资源区划工作者，我们紧紧围绕统筹推进"五位一体"总体布局和协调推进"四个全面"战略布局，牢固树立和贯彻落实新发展理念，以实施乡村振兴战略为统揽，对重庆市实施乡村振兴战略探索破解城乡统筹发展难题、重庆市全面推进乡村振兴背景下农业产业振兴、重庆市畜牧业发展"十四五"规划、重庆市千亿级生猪产业链建设等"热点"问题进行了专题研究。

近年来，我们将农业资源区划工作成果分别以《重庆农业谱新篇》《巴

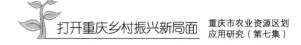
渝农村绘新图》《挥写重庆三农新画卷》《转变农业发展方式新探索》《实现现代农业发展新作为》《描绘农业农村发展新篇章》展现给各位领导、学者、同仁和朋友。书中收录了既有一定的政策性和战略性，又有一定的前瞻性和创新性的研究报告。一些宏观管理部门把它们作为制定相关规划的重要参考，一些职能部门把它们作为履行经济调节、市场监管、社会管理和公共服务职责的重要依据，反响良好，极大地增强了我们继续奋斗的动力和信心。我们继续本着"加强交流学习，推进理论创新与实践探索，让更多的朋友关注重庆农村、关心重庆农业、关爱重庆农民"的宗旨，将近期研究成果汇总，呈现又一拙作——《打开重庆乡村振兴新局面》，以期对做好经济新常态下重庆市"三农"工作提供有益借鉴和决策参考。

　　书中提出的一些对策措施及政策建议，仅代表作者的观点。由于时间仓促和水平有限，对一些问题的研究还比较肤浅，难免有错误和不足，敬请批评指正，深表谢意。

编　者

2022 年 1 月 17 日

目 录

第四篇　重庆市千亿级生猪产业链建设调研报告

第一篇
重庆市实施乡村振兴战略 探索破解城乡统筹发展难题研究[①]

———————
① 研究专家：袁昌定、何道领、高敏、王绍熙、陈波、邓爱龙、何发贵；结题时间：2020年11月。

党的十九届五中全会审议通过了《中共中央关于制定国民经济和社会发展第十四个五年规划和二〇三五年远景目标的建议》，吹响"全面推进乡村振兴"的进军号角。把实施乡村振兴战略与城乡统筹发展紧密结合，是解决城乡发展不平衡不充分问题的根本途径。在全面推进乡村振兴的大背景下，如何破解城乡统筹发展难题，值得深入思考。为此，开展本课题研究。

第一章　研究背景与思路

第一节　研究背景

"三农"问题是关系国计民生的根本性问题，没有农业农村的现代化，就没有国家的现代化。随着中国特色社会主义进入新时代，摆在我们面前的一个时代课题，就是要建立什么样的新时代中国特色社会主义工农城乡关系、怎样建立新时代中国特色社会主义工农城乡关系。1978年党的十一届三中全会以后，我国改革率先从农村突破，制定实施系列放开搞活农村经济的政策措施，极大地解放和发展了农村生产力，推动了农业农村经济快速发展。进入21世纪以来，中央适时提出了"两个趋向"的重要论断，制定和实行工业反哺农业、城市支持农村和"多予少取放活"的方针，统筹城乡发展，扎实推进社会主义新农村建设。党的十八大以来，以习近平总书记为核心的党中央，坚持把解决好农业、农村、农民问题作为全党工作的重中之重，贯彻新发展理念，勇于推动"三农"工作理论创新、实践创新、制度创新，农业供给侧结构性改革取得新进展，农村改革取得新突破，城乡发展一体化迈出新步伐，农村公共服务和社会事业达到新水平脱贫攻坚开创新局面，农村社会焕发新气象，为党和国家事业全面开创新局面提供了有力支撑。在此背景下，党的十九大报告首次提出实施乡村振兴战略，以农业农村优先发展作为新时代实现农业农村现代化的重大原则和方针，强调建立健全城乡融合发展体制机制和政策体系，为构建新体制型工农城乡关系指明了方向。

2018年1月2日，《中共中央国务院关于实施乡村振兴战略的意见》出台。《意见》从提升农业发展质量、推进乡村绿色发展、繁荣兴盛农村文化、构建乡村治理新体系、提高农村民生保障水平、打好精准脱贫攻坚战、强化乡村振兴制度性供给、强化乡村振兴人才支撑、强化乡村振兴投入保障、坚持和完善党对"三农"工作的领导等方面进行了全面的安排部署，并明确了实施乡村振兴战略的目标任务。

2018 年 3 月，重庆市委、市政府印发《重庆市实施乡村振兴战略行动计划》（渝委发〔2018〕1 号，以下简称《行动计划》），对全市 2018—2020年乡村振兴战略工作进行全面部署。5 月，重庆市委、市政府印发《关于聚焦乡村发展难题精准落实"五个振兴"的意见》（渝委办发〔2018〕22 号），为精准落实推进乡村"五个振兴"明确了路径。10 月，重庆市委、市政府印发《重庆市乡村振兴战略规划（2018—2022 年）》，对重庆实施乡村振兴战略作出阶段性谋划和设计。以上三个文件建立了重庆市实施乡村振兴战略"1+2"政策体系，为实施乡村振兴战略作出了全面部署和具体安排。

2020 年 10 月，党的十九届五中全会通过了《中共中央关于制定国民经济和社会发展第十四个五年规划和二〇三五年远景目标的建议》，明确提出了要优先发展农业农村，全面推进乡村振兴。

本研究在认真学习领会文件的同时，结合实际，通过调研，以期破解农村当前发展难题，从乡村振兴战略破解城乡统筹发展难题，全面提升农业发展水平，探索可持续发展的乡村振兴之路。

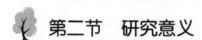

第二节　研究意义

党的十九大指出，当前我国的主要矛盾已经转变为"人民日益增长的美好生活需要和不平衡不充分的发展之间的矛盾"。这当中，最大的发展不平衡是城乡发展不平衡，最大的发展不充分是农村发展不充分。党中央历来高度重视城乡发展，早在 21 世纪初就基于城乡发展的现实，开始对城乡关系做出重大调整。2002 年，党的十六大提出统筹城乡发展；2007 年，党的十七大提出城乡一体化；2012 年，党的十八大要求重点推进城乡发展一体化；2017 年，党的十九大明确提出建立健全城乡融合发展的体制机制和政策体系，并强调"重塑城乡关系，走城乡融合发展之路"。这是党中央着眼于"两个一百年"奋斗目标导向和农业农村短腿短板的问题导向作出的战略安排，不仅蕴含着对构建新型城乡关系的战略考量，也指明了乡村振兴的发展方向和路径，体现了习近平总书记高瞻远瞩的宏阔视野和战略思维。

为全面贯彻落实党中央的决策部署，按照市政府办公厅《关于印发重庆市新总体规划编制工作方案的通知》（渝府办发〔2018〕124 号）要求，深入开展城乡融合发展研究，对当前和今后一个时期，重庆市在加快推进城乡融合发展方面，找准制约因素，完善制度精准设计，强化政策支撑供给，加强政策创新突破，构建新型城乡关系，具有积极的理论意义和现实意义。

第三节　研究方法

本研究以系统论的综合研究方法为基础，将政治经济学、地理学、生态学等多学科相结合，以经济学理论和方法作为论证的支撑及手段，以统计数据和文字资料等实证材料为依据，参考相关文献，采用跨学科交叉研究、理论分析与实际调查相结合、定性分析和定量分析相结合、专家咨询法等研究方法。

第四节　研究思路

本研究立足重庆市实施乡村振兴战略以来城乡统筹发展取得的成果，按照提出问题、理论与实证分析、经验借鉴的思路组织研究报告结构，以国内外统筹城乡发展的相关基本理论为基础，在对重庆市乡村振兴发展和城乡融合发展现状以及取得的成绩进行分析的基础上，分析重庆市目前存在问题、成功经验，提出政策建议，清晰认识到新时期重庆市乡村振兴发展所面临的机遇与挑战，以期以乡村振兴战略破解城乡统筹发展。

第二章 重庆市乡村振兴与城乡融合发展现状

第一节 建设成效

自乡村振兴战略实施以来,重庆市以习近平新时代中国特色社会主义思想为指导,持续推进"三农"改革发展,主要农产品供给保障能力明显增强,现代特色效益农业发展加快,农业农村基础设施进一步改善,农村改革取得实质性进展,农村生态文明建设取得初步成效,精准扶贫精准脱贫成效显著,农业农村取得长足发展进步。围绕农业供给侧结构性改革,持续推进"三农"改革发展,主要农产品供给保障能力明显增强,现代特色效益农业发展加快,农业产业结构调整成效突出。

一、农村生态环境持续改善

大力推进农村生态文明建设,坚持治理与保护相结合,深入开展生活环境、生产环境、生态环境整治行动,不断提高农村人居环境建设水平。农村精神文明建设成效明显。深入推进保障和改善文化民生工作,特别把农村文化建设摆在突出位置,实施了系列重大文化惠民工程,有力促进了城乡文化一体化发展,农民群众精神文化需求得到较好满足。农村治理水平显著提升,坚持把农村地区社会治理和深化平安乡村建设作为深化平安建设的重要方面,紧紧围绕中心、服务大局,以破难题、补短板、防风险,不断加强农村社会治安综合治理和平安建设工作。农民生活水平持续提升,始终坚持以人民为中心的发展思想,把保障和改善民生作为第一目标,创新农村民生工作投入机制,加快推进以保障和改善民生为重点的农村社会建设。

二、空间布局逐步形成

坚持规划引领，优化市域城镇体系和空间布局，构建特色鲜明的城乡形态，正逐步推进以人为核心的新型城镇化。重庆市所有镇乡规划基本实现全覆盖，各区县规划建设用地的控制性详细规划已实现全覆盖，村规划覆盖率大幅提升，基本构建起重庆市"五级三类"的城乡规划体系（市域、主城、区县、镇乡、村五个层级，法定规划、专业规划、专项规划三大类型），全力确保所有使用空间资源的建设有规划遵循。特色小镇（街区）和特色小城镇建设逐步完成。推进"多规合一"，培育壮大大中小城市（区）。组织召开"千企千镇工程"进重庆——特色小镇（街区）政银企对接会，搭建镇街、银行、企业对接交流平台，与支付宝公司共同打造全国首批无现金小镇。随着都市休闲观光业和农业特色产业发展，不断加强生活生态功能融合。

三、基础条件不断完善

一是交通显著改善，通过大力实施"村通畅工程""农村联网工程"以及建立城乡基础设施共建共享机制，重庆市行政村公路通畅率和通达率均达到 100％。同时加快交通基础设施提档升级，开展以"扰序、禁闯、降噪"三大主题为重点的交通秩序大整治行动。二是水利基础设施建设成绩突出。以病险水库整治、乡镇堤防、节水灌溉、坡耕地治理、饮水安全等工程建设为重点，进一步加强了水利基础设施建设，提升了主城区都市农业范围有效灌溉面积和节水灌溉面积，饮水安全得到有效解决，平均农村自来水入户率超过 90％。三是电网工程基本实现全覆盖，主城区农村范围电网覆盖率达到 100％；进一步完善城市照明设施建设，城市照明亮灯率达到 98.5％。推动重庆市信息通信基础设施升级，进一步夯实通信网络覆盖的深度和广度，光纤和 4G 网络进一步覆盖重庆城乡，高速宽带网络全面普及。已实现村村通光纤，农村宽带通达率超过 80％。四是推进美丽乡村建设和生态文明建设，围绕生态宜居、生产高效、生活美好、人文和谐总体目标，主城各区培育了一大批特色突出、类型多样、景致独特、文化鲜明、民俗多彩、乡风文明、生态怡人的美丽乡村。提升城乡面貌，着力加强生活垃圾、污水处理，城镇生活垃圾无害化处理率达到 95％，城市生活污水处理率达到 93％。深入推进农村环境连片整治项目、山坪塘整治、农业面源污染治理、土壤污染调查、化肥农药零增长行动等，村容村貌明显改善。

第二节　存在问题

重庆市集大城市、大农村、大山区、大库区于一体，最大的发展不平衡是城乡发展不平衡，特别是渝东北的大库区、大山区，渝东南的大山区和民族地区，城乡二元结构矛盾较为突出，还存在许多制约重庆城市要素向农村流动和城乡融合发展的问题，主要体现在以下几个方面。

一、城乡融合发展水平不高

习近平总书记视察重庆时指出：重庆区位特点突出，集大城市、大农村、大山区、大库区于一体，城乡区域发展差距较大，协调发展任务繁重。可见，重庆的基本市情没有根本改变，城乡经济社会发展不平衡、不充分的基本格局没有根本改变，统筹城乡融合发展的任务仍然十分艰巨。

从产业看，城乡产业结构差异大、关联性弱。特别是农村产业融合发展还处于起步阶段，产业融合不深、产业链条不长、融合方式不多、利益联结不紧、创新活力不足，总体水平和发展质量较低。一方面，大多数涉农企业产业重心主要集中在产业链的中低端，农产品加工业档次不高，主要为简单加工、附加值不高。例如，永川区大多数企业重心集中在产业链中低端，全区企业以第一产业为主业的占 70%，以一二产业、一三产业、一二三产业融合发展为主业的仅占 30%。农业企业合作意识、抱团意识较差，生产、加工、销售、研发等环节各自为阵，重复投资、建设、同质竞争突出，产业链条松散、整体抗风险能力较低。另一方面，融合项目特色不明显，乡村旅游项目同质化、跟风现象严重，往往是一种新生业态（如水果采摘园、花海观光园）诞生后就普遍进行重复式跟进，缺乏"农业+旅游"专项规划，缺少因地制宜的改良和独有的文化内核设计，缺乏深度挖掘和连片规模发展，缺少符合现代人审美标准的精品项目。同时，市场营销缺投入、缺深度、缺创意，大部分产品知名度仅限于重庆或周边省市，企业品牌意识不强，企业品牌、产品品牌等建设力度不够，难以彰显品牌效益。

从收入和消费看，尽管近年来重庆市农村居民收入和消费支出增长速度快于城镇居民，但 2017 年重庆市城镇居民人均收入和消费支出分别是农村居民的 2.55 倍和 2.08 倍，城乡居民家庭家用汽车、计算机、空调等耐用消费品的普及率差距仍然很大。目前城乡融合多采取订单式农业，真正采取股份制或股份合作制，将农民利益与新型农业经营主体紧密连接在一起的所占比例很低。一方面，农民对企业发展缺乏信心，希望得到旱涝保收的收益，不愿承担风险；另一方面，公司亦认为农户过多参与企业管理，会导致企业管理混乱，不利于公司发展。部分业主大面积流转土地后，因规划、资金、经营等问题难以为继时，造成土地闲置或退租，农民利益受到影响，易引发社会矛盾。

从规划方面看，重庆主城各区重视城乡融合发展，并立足资源禀赋，逐渐形成了区域融合发展格局。但作为一个整体，重庆城乡融合发展全域开发理念尚有待进一步确立，缺乏政府对行政区域之间、城乡之间、产业之间的统筹规划，造成重点不突出、空间布局缺乏分工，难以有效发挥聚集效应和规模效应。此外，乡村发展与城市发展总体规划有效衔接不足，一方面，城市总体规划没有认识到乡村发展乃是大城市经济不可或缺的一个有机组成部分，在规划中往往没有预留农业发展空间；另一方面，都市发展对城市化进程和规划把握不到位，在产业选择上没有考虑生产周期，无形中加大了融合困难。

二、城乡融合支撑要素缺乏

新型工业化和城镇化进程中，受城市虹吸效应影响，人力、资金、土地等要素加速流向城市。但因机制障碍以及农村自身吸引力较低，要素较难反向流进农村，要素在城乡之间的流动受到诸多限制，要素价格扭曲和市场分割现象仍然存在，严重制约城乡融合发展水平的提升。一是人力资源匮乏。虽然 21 世纪以来，户籍以及城市就业、社会保障等制度改革改善了农民向城市流动的环境，也降低了农民在城市就业和居住的成本。但是促使农民家庭整体迁入城市的制度环境依然没有建立，特别是城市的住房、子女教育等制度成为农民在城市定居的最重要限制因素。一方面，较长时期以来，农村劳动力资源持续外流，导致农村老龄化严重，年轻劳动力严重缺乏，城市资本下乡发展面临用工难的问题。另一方面，农村居民整体知识水平、技能水平、管理水平低，懂农业、精技术的一二三产业融合型人才缺乏；大部分青年人和毕业的大学生不愿意到农村工作，导致农业企业专业技术人员尤其是高层次专业科研人员匮乏，劳动力结构矛盾突出，在很大程度制约了城乡融合的快速发展。二是融资机制不活。城乡金融市场存在严重的藩篱，资金缺乏有效的双向流动。特别是商业化改革以来，随着国有银行城乡金融规模的不断扩大，城乡金融机构分布更加失衡，现存农村金融机构有效供给不足，农村资金外流严重，对农业农村发展造成负面影响。因农业企业普遍小、微、弱，加之农业天然的弱质性和高风险性，导致金融机构在对农业企业开展信贷支持方面异常谨慎小心。一方面，农村产权抵押贷款较难。因农业生产配套设施、生物资产不能形成具有产权证的固定资产，农村承包地经营权缺乏流动性、价值评估困难，且抵押贷款要求高、风险高、程序烦琐，导致农业企业贷款困难。另一方面，整合财政资金支持难度大。上级项目资金采取"大专项＋任务清单"方式下达，多数任务纳入考核并与下年度资金安排挂钩，导致区县难以结合自身实际实质整合使用，对新型经营主体支持有限。三是用地保障能力有待提高。随着乡村振兴战略的实施和农村三产融合发展的深入推进，农村建设用地需求日益增长。尽管国家和市级层面多次出台对农业农村用地的支持政策，将农业农村用地指标纳入年度计划予以单列，但农村用地保障滞后现象仍然存在。

三、城乡融合发展基础亟待夯实

近年来，重庆市农村基础设施建设投入不断增加，特别是在路网、供水供电、通信、环境治理以及卫生医疗等方面取得了极大改善，但总量仍然不足，水利、公路、管道、电网、信息、物流等基础设施历史欠账较多，农业基础脆弱、装备落后、产业化市场化程度不高的基本状况没有改变。基础设施建设总体上重城轻乡意识还比较突出，城乡差别还十分巨大，农村基础设施总体上和发达国家、东部发达地区还存在较大差异。一是基础设施体系现代化程度低。近年来全市农村道路交通、农田水利、电力电讯等基础设施建设虽取得巨大进步，但在农村生产便道、入户道路、高标准农田、涉农互联网、物流配送等方面仍存在较大短板。其中，设施农业比重不大，机械化程度不高；互联网覆盖不全面、信号稳定性不强、信息化程度不高，难以满足农业大数据发展的需求；涉农公共服务供给不足，缺少多层次社会化服务。农村路网方面，行政村、撤并村和一些农产品基地实现通达，但农村公路通达、通畅深度还不够，服务乡村旅游产业发展的水平还有待进一步提高。二是市场化基础薄弱。首先龙头企业及企业家缺乏。本地农业企业没长大、外地龙头企业没有来，加之农村懂产业、懂管理、懂营销的创业人才缺乏，导致本地农业产业发展缺乏带动、水平较低。其次规模化程度不高。渝西地区资源禀赋较好、工业发展较快，但农业发展理念落后，生产零散破碎化，规模化集约化程度不高，导致深加工、配套加工企业无稳定充实原料来源。最后是小农意识普遍较浓。部分农民及农村市场主体契约和信用意识不强，农村合作社、农村集体经济组织及农民利益诉求不稳定，导致外来社会资本在城乡发展中易产生经营、劳资等纠纷，权益维护难。三是科技能力支撑不足。政府和高校投入农业科研资金、资源较少，社会资本投入农业科研动力不足，研究成果与实际需求存在脱钩，导致农业研究可用性成果较少、转化率不高。农村科技管理体制机制不健全，农业科技推广体系不完善，制约了农村技能人才培养和农业生产能力提升。部分业主创新意识、科技意识不强，对新理念、新技术的认识和运用不够，制约农业企业和产业快速发展。

四、城乡基本公共服务均等化任务艰巨

推动城镇公共服务向农村延伸，实现城乡基本公共服务均等化，是城乡融合发展的核心内容之一。重庆全市基本公共服务均等化水平仍然不高，以教育为例，城市学校挤、农村学校空的矛盾仍然突出，城乡教师资源配置不均衡，乡村教师量少质弱，农村音体美、信息技术等学科教师配置仍然不够，农村学校标准化达标率和教育质量相对较低，教育发展不平衡不充分问题仍然很突出。一方面，农村义务教育教师素质不断提高，城乡义务教育教师素质差距不断缩小，农村人口受教育水平不断提高，农村妇女健康和保健水平不断提高，农村医疗人力资源数量不断增加，但由于起点较低，进展缓慢，因而，整体提高程度较小，农村人力资源数量和质量依然较差。另一方面，城乡人口受教育水平、城乡医疗人力资源配置差距有所扩大，由此减缓了教育均衡发展和卫生均衡发展实现程度的提高，并最终制约了城乡基本公共服务均等化程度的提高。以上还仅仅是从基本公共服务数量的角度进行城乡比较，如果进一步考虑质量差异，城乡基本公共服务的差距可能会成倍增加。

五、城乡经济二元结构突出农村产业动力不足

城市以现代化的工业经济为主，农村以典型的小农经济为主。重庆市大部分农村经济主要依靠种植业，而代表着现代农业发展方向的畜牧业、特色农业、高效农业相对落后，以小农经营为主，农业产业化发育不足。受比较利益驱动，资金、要素倾向于流向收益率较高的城市工商业，导致农业规模化、集约化、现代化缺乏动力，难以形成工农互动、工农互惠的

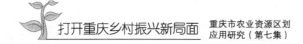
良性机制。重庆市农村产业在农产品供给和农旅服务等方面，总体上还存在特色不够突出、内生创新动力不足、产业趋同、档次偏低、同质化竞争等问题。目前，重庆市农业受多方面因素影响，与国内发达省市相比，农业生产整体水平偏低，规模化和产业化程度不高，小生产与大市场的矛盾依然突出，设施农业发展不足，优质率不高。农产品主要以鲜销为主，农产品精深加工不足，农产品附加值和市场价值不高。在休闲农业经营项目方面，重庆都市休闲农业发展层次偏低，缺乏亮点特色，经营方式相对单一，乡土文化内涵挖掘不深，地域和文化特色不够鲜明，内容与形式上基本雷同。同时，教育文化、医疗卫生、养老健身等基本公共服务资源，尤其是较好的资源仍主要集中在主城区，功能布局的不均衡使产业、居住、交通等加速向主城集聚，主城区空间承载、可持续发展的压力较大；江津、璧山、合川等渝西地区基本公共服务滞后；渝东北、渝东南地区公共服务资源仍较为稀缺。

第三章　实施乡村振兴战略破解城乡统筹发展难题总体思路

第一节　指导思想

以习近平新时代中国特色社会主义思想为指导，全面贯彻党的十九大和十九届二中、三中、四中、五中全会精神，增强"四个意识"，坚定"四个自信"，做到"两个维护"，深化落实习近平总书记对重庆市提出的"两点"定位、"两地""两高"目标、发挥"三个作用"和营造良好政治生态的重要指示要求，贯彻落实党中央关于推动成渝地区双城经济圈建设的重大战略部署，统筹推进"五位一体"总体布局和协调推进"四个全面"战略布局，坚持党的领导、人民当家作主、依法治国有机统一，以乡村振兴战略破解城乡统筹发展为主线，以促进农业稳定发展和农民持续增收为目标。

第二节　主要目标

到 2025 年，重庆市城乡融合发展水平显著提升，在中西部领先，土地利用制度、农村产权制度等重点专项改革走在全国前列，基本形成城乡融合发展体制机制和政策体系，城乡居民享受更好的教育、更稳定的工作、更满意的收入、更可靠的社会保障、更高水平的医疗卫生服务、更舒适的居住条件、更优美的环境、更丰富的精神文化生活。

一、农业农村现代化取得明显进展

农业转型升级，农业增加值达到 2 000 亿元，农业劳动生产率达到 6 万元/人，农业科技贡献率达到 70％。农村繁荣稳定，公共服务能力明显加强，人居环境明显改善，民主法治、乡村治理和乡风文明水平明显提高。

二、新型城镇化水平稳步提升

着力做强城市经济，带动农村经济发展，形成产业链条完整、业态丰富、利益联结紧密的城乡产业融合发展新格局。城镇空间布局合理，城市更加和谐美丽、宜居宜业，对农业转移人口的吸引力和承载力进一步增强，户籍人口城镇化率提高到 60％，常住人口城镇化率提高到 75％。

三、城乡差距明显缩小

重庆市常住居民人均可支配收入力争赶上全国平均水平，城乡居民收入比缩小到 2.2：1 左右，城乡最低生活保障标准比 1：0.8 左右。实现基本公共服务均等化，基础设施通达程度比较均衡，城乡人民生活水平大体相当。

四、城乡融合发展体制机制基本健全

农业人口市民化体制基本完善，阻碍要素下乡的体制障碍得以清除，城乡居民权益平等化、基本公共服务均等化体制保障基本健全。

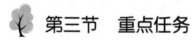

第三节　重点任务

一、破解乡村产业发展障碍

破解乡村产业发展障碍，要大力探索农业产业化经营模式及新业态。农业是经济社会发展的基础，也是逐步实现农民就地城镇化、就近就业的核心因素，乡村振兴必需依托于产业兴旺，乡村发展才能有动力、有载体。实现农业产业兴旺就要加快提升农业竞争力，不能让农业成为依靠高补贴存活的产业。要实现农业农村现代化的目标就需要加快乡村产业转型升级，立足乡村资源优势和区位环境等综合因素，以市场需求为导向，围绕"合作社＋企业""公司＋合作社""公司＋农户"及"互联网＋农业"等农业产业化经营模式及新业态，一要大力发展大中型农业机械为主的劳动替代型农业技术以及水肥药节约型的生物育种技术；二要大力发展与当地资源相一致的特色种养业、农产品加工业、农村服务业及乡村旅游业等；三要大力发展以村域经济和乡域经济为基础的县域经济，扶持发展一村一品、一乡一业，集体经济、土地信托等，加强农业产业化联合体建设，延长农产品为主的农业产业链、提高农业附加值，千方百计增加农民收入，真正使农村产业兴旺，成为带动乡村振兴的重要引擎。充分利用农村各类资源，从供给侧结构性改革层面推动一二三产业融合发展，进一步促进农业转型及乡村产业升级，使农民生活富裕，这是乡村振兴的关键。农民生活富裕的标志是货币收入增长带来的购买力强大，而其支撑力则是农业劳动生产率的极大提高，即以更少的劳动力生产出更多的产品，归根结底还需要产业带动，才能最终促进乡村振兴。

二、理顺城乡统筹发展体制机制

1. 加快农业转移人口市民化

一是健全落户制度。以合法稳定住所和稳定职业为户口迁移基本条件，以常住居民地登记户口为基本形式，建立城乡统一、以人为本、科学高效、规范有序的新型户籍制度。调整完善户口迁移政策，体现促进人的城镇化为核心、提高质量为目的的人口政策导向。推动有能力有意愿在城镇稳定就业和生活的农业转移人口和其他非户籍人口落户城镇，进一步放开落户条件。坚持以聚人为主导方向，全面实行居住证制度，进一步优化公共服务，提高居住证含金量，推进居住证制度覆盖全部未落户城镇常住人口。着力实施"三个一批"集聚计划，重点解决符合条件的普通劳动者落户问题，引导一批市外务工人员返渝落户、吸引一批农村大中专学生就学落户、推动一批市外来渝务工人员举家落户。二是保障享有权益。深化户籍制度改革，推动农业转移人口平等享受教育、就业、医疗、社保、住房保障等城镇公共服务。建立健全以居住证为主要依据的随迁子女入学政策，保障农民工随迁子女以流入地公办学校为主接受义务教育。完善就业失业登记管理制度，面向农业转移人口全面提供政府补贴职业技能培训服务。完善统一的城乡居民基本医疗保险制度和大病保险制度，做好农民重特大疾病救助工作。完善城乡居民基本养老保险制度，建立城乡居民基本养老保险基础养老金标准正常调整机制。将农业转移人口纳入社区卫生和计划生育服务体系，提供基本医疗卫生服务。把符合条件的进城落户农民纳入城镇社会保障体系，完善并落实医疗保险关系转移接续办法和异地就医结算办法。把进城落户农民完全纳入城镇住房保障体系，采取多种方式保障农业转移人口基本住房需求。三是完善激励机制。切实维护进城落户农民土地承包经营权、宅基地使用权、集体收益分配权，积极开展"四权"自愿有偿依法退出试点，支持引导其依法自愿有偿转让。加大户籍、财政、土地等领域关键环节改革力度，促进人口发展与新型城镇化、农业现代化等协调推进。加快户口变动与农村"三权"脱钩，不得以退出"三权"作为农民进城落户的条件，促使有条件的农业转移人口放心落户城镇。强化"三挂钩"激励机制，进一步完善落实财政转移支付、城镇建设用地机制，建立完善中央预算内投资安排与吸纳农业转移人口落户数量挂钩政策，健全由政府、企业、个人共同参与的市民化成本分担机制。

2. 增强农村制度供给

一是巩固和完善农村基本经营制度。巩固和完善以家庭经营为基础、统分结合的双层经营体制。深化完善农村土地承包经营权确权登记颁证工作，落实农村土地承包关系稳定并长久不变和第二轮土地承包到期后再延长 30 年的政策。深入推进农村集体产权制度改革，全面开展农村集体资产清产核资和集体成员身份确认。探索赋予集体经济组织成员对集体资产股份的继承、抵押、担保、有偿退出等权能。建立健全资产管理、经营、分配等制度，充分保障农村集体经济组织及成员合法权益。强化乡镇农村经营管理职能，加强农村经营管理队伍能力建设，进一步完善土地流转监测、分级备案和鉴证制度，切实做好农民负担监管、农村土地承包管理、农村财务资产管理和农民专业组织指导等工作。二是深化农村土地制度改革。全面落实农村承包地"三权分置"制度，在依法保护集体土地所有权和农户承包权的前提下，平等保护土地经营权。鼓励承包农户依法采取转包、出租、互换、转让、入股等方式流转承包地。深化梁平区土地承包经营权有偿退出试点，严格把握有稳定住所、有稳定收入来源两个前提，对确有退出意愿的农户可引导有偿退出承包土地。优化农村土地增值收益分配机制，调整完善土地出让使用范围，提高土地出让收入用于乡村振兴的比例。做好农村经营性建设用地入市改革试点、征地改革试点和农村宅基地"三权分置"改革试点经验总结工作，适时推广。严把"不得违规违法买卖宅基地和禁止下乡利用农村宅基地建设别墅大院和私人会馆"政策关。三是完善农村用地保障机制。强化农业农村各项土地利用活动统筹力度，优化耕地保护、乡村建设、产业发展、生态保护等用地布局。土地利用总体规划优先安排农村基础设施和公共服务设施用地，交通、水利等政府投资基础设施项目用地，应保尽保，做好农业农村发展项目用地保障。在符合土地利用总体规划前提下，允许县级政府通过村级土地利用规划，调整优化乡村用地布局，有效利用农村零星分散的存量建设用地，预留部分规划建设用地指标用于单独选址的农业设施和休闲旅游设施等建设。支持区县开展利用收储农村闲置建设用地发展农村新产业新业态试点。进一步完善设施农业用地政策，单列安排乡村振兴试验示范、农村一二三产业融合发展用地专项指标。实行村域内建设用地增减挂钩。深挖农村土地资源潜力，全面清理核实并盘活农村"四荒"地、存量集体建设用地、闲置宅基地等土地资源。四是构建紧密型利益联结机制。深化完善农村"三变"改革试点，以打造"股份农民"为核心，坚持合股联营、利益共享原则，创新风险防控、利益联结、资产收益扶贫、股份分红保证金、绩效评估等机制，创新收益分享模式。继续推进农业项目资金、农林水利财政预算内基本建设投资项目股权化改革。探索以股份为主的集体经济发展方式和资源性资产定价机制，推动农村资源要素折资入股。鼓励引入企业组建股份公司，鼓励农民专业合作社转型发展为农村股份合作社，鼓励组建产业联合体，培育搭建股份合作平台。采取"经营主体＋村集体＋基地""经营主体＋农户＋基地"的模式，构建"股权平等、盈利共享、风险共担"的股份合作机制。提升农民参与能力，广泛引导农民加入农民专业合作社、涉农协会组织，建立健全农民专业合作社社员代表大会、理事会、监事会"三会"制度。加快推广"订单收购＋分红""土地流转＋优先雇用＋社会保障"等多种利益联结方式。五是推进涉农综合改革。加强农村信用体系建设，建立覆盖农户、农场、农民合作社、休闲农业和农产品生产、加工、流通企业等农村社会成员的信用档案，健全信用"红黑名单"制度，实施守信联合激励和失信联合惩戒。建立健全农民信用联保制度，完善农村信用担保体系。积极探索供销社、信用社（农村商业银行等涉农金融机构）、农民专业合作社"三社"融合发展，支持基层供销社与村集体经济组织、农户共建农民专业合作社和农村综合服务社，实现行政村全覆盖。推进供销合作社与信用社发挥各自优势，在机构、业务、人员、信息等方面融合，创新服务模式。完善"地票"使用及交易机制，推进分区域差别化使用"地票"，农村建设用地和宅基地复垦腾出的指标优先用于农村。加强农村集体经济组织"地票"资金的监督管理与使用，引导用于农村建设、环境整治、收储闲置农房、"三变"改革等。探索建立提高森林覆盖率的横向生态补偿机制，实行"林票"制度。健全完善农村产权交易市场，推行交易规则、平台建设、信息发布、交易鉴证、服务标准、监督管理"六统一"交易管理模式，完善农村产权抵押登记、价值评估、交易鉴证等制度体系，引导农村土地承包经营权、林权、宅基地使用权、集体建设用地、农田水利设施等农村产权进场交易。

3. 健全多元投入保障机制

一是持续加大财政投入。坚持把农业农村作为财政支出的优先保障领域，做好"整合、撬动、股份化"三篇文章，建立健全实施乡村振兴战略财政投入保障机制，财政涉农投入逐年有所增长。设立乡村振兴发展基金，重点支持农业产业发展。加快建立涉农资金统筹整合长效机制，加强对性质相同、用途相近的涉农资金统筹使用。改革市级财政农业产业发展资金分配和使用方式，50％由市级进行统筹使用，主要用于扶持发展重点区域、重点产业、重点企业、重点园区、重点项目、重点品牌；其余50％按因素法切块安排到区县，实行"大专项＋任务清单"管理。鼓励区县根据实际需要，安排一般债券资金优先用于乡村振兴领域公益性项目建设。优化政府投资安排方式，通过设立基金、先建后补、以奖代补等方式提高投资效益，允许以资本金方式投入"三农"领域确需支持的经营性项目。加大财政对扶贫贷款贴息、担保补助、保费补助的支持力度，落实扶贫贴息贷款政策，扩大扶贫贴息贷款规模。强化支农资金监督管理，提高财政支农资金使用效益。全面落实国家涉农税收优惠政策，减轻农业农村市场主体税收负担。二是加大金融支农力度。完善农村金融服务体系，推进设立村镇银行、农村小额信贷组织、农村信用合作组织等创新型支农金融机构，加快组建村级金融服务组织。支持区县开展专业金融服务机构建设试点。加大政策性农业担保支持力度，市级政策性农业担保机构对实施乡村振兴战略的担保贷款额不低于当年担保贷款发生额的70％。推动金融产品和服务方式创新，适度提高涉农贷款不良率、涉农金融机构存贷比的监管容忍度，加快完善征信、支付等农村金融基础服务体系。完善农村产权抵押融资的制度设计、产品设计和风险资产处置机制设计。探索建立市、区县两级农村产权抵押融资资产收储机制。完善风险补偿政策。推进村级农村金融服务组织运行试点，探索乡村内生信用约束机制。加强农村产权抵押融资信息系统建设。引导和支持涉农企业上市或挂牌融资，鼓励涉农企业发行银行间市场债务融资工具、企业债、公司债和中小企业私募债。充分利用国家绿色金融政策，发挥开发性、政策性金融优势，为乡村振兴提供长周期、低成本的资金支持。大力发展农业保险，引导和鼓励保险机构开发适合新型农业经营主体需求的保险品种，探索将主要特色农产品纳入农业政策性保险范畴，政策性农业保险保额每年新增 30 亿元。探索在非政策性农业保险工作中适时引入农业保险经纪公司。

三、缩小城乡差距

促进农村经济发展、促进农民增收，走城乡互动、工农互促的协调发展道路。以城乡统筹发展为手段，逐步改变城乡二元结构，实现城乡经济社会一体化发展。一是统筹城乡空间布局，实现产业发展一体化。把推进工业化作为城乡统筹发展的主导方向和核心战略，壮大工业总量，增强工业引领发展的主导作用，以工业化带动城镇化，以产业化提升农业发展水平，以现代服务业推动产业融合。坚持把村庄发展纳入大盘子，注重城市与乡村在基础设施和公共设施方面的衔接和协调，特别是要加强推进区域性重大基础设施和公共服务设施的统筹规划和共建共享，实现城乡之间的有效对接。坚持以信息化带动工业化，用先进技术改造传统产业，走新型工业化道路。加快振兴传统优势产业，发展新兴产业，延长产业链，培育产业集群，增强工业配套发展能力。集中力量做大做强工业聚集区，带动农民持续增收。高起点规划城镇建设，突出发展大中城市，集约发展小城镇，走新型城镇化道路。加快培育重点镇，使之成为连接城乡的重要节点，繁荣农村、服务农业、集聚农民的重要载体。二是统筹经济分配机制，实现城乡建设一体化。建立健全公共财政体系，调整各级财政支出结构，实现公共财政城乡全覆盖。建立规范的转移支付制度，使财权和事权相对称，尽快建造一个满足社会公共需要的公共财政体制，造就全社会均等的社会环境。逐步健全财政对农村教育、卫生专项转移支付制度，多渠道筹集实施城乡社会保障、社会救助政策措施所需资金，建立健全政府直接投资、资本金注入和贷款贴息等相结合的财政投资机制，提高财政资金使用效益，优化财政资金分配结构。突出加大财政资金对农业和农村的支持力度，调整农业补贴方向和支持结构，将支持的重点转到提高农业竞争力上来，提高补贴效率，引导农民调整和优化生产结构，加快农业产业升级步伐。三是统筹城乡社会建设，实现社会、费用低廉的教育、医疗卫生和文化等公共服务体系，使城乡居民共享发展成果。大力加强农村基础设施、基础教育和职业教育，丰富农村农民文化生活；加强农村医疗卫生建设和设施建设，建立以大病统筹为主的新型农村合作医疗制度，完善最低生活保障制度，逐步使城乡居民享受同等的发展机会和社会保障权利，共同成为社会进步和现代文明成果的享有者、建设者和推动者。发展产业投资基金和创业风险投资基金，探索建立担保基金，逐步解决农户、中小企业和民营企业投融资难等问题。尤其要强化农村发展的金融支持，鼓励金融机构大力支持城乡基础设施和公共服务设施建设，着力将业务向农村延伸。引导金融机构加大对农业产业化企业的信贷支持力度，放宽贷款条件，扩大服务范围，形成双赢机制。四是统筹政府政策制定，实现城乡制度一体化。以建立城乡一元结构体制机制为目标，着力推进公共财政、户籍管理和就业、土地和社会保障等制度改革，为建立和谐的工农关系和城乡关系提供制度保障。打破城乡分割体制，在制度和政策方面搭建平等协作的平台，尽快实现由以农哺工向反哺农业的重大转变。加强对农村地区的政策倾斜力度，使城乡之间差别逐步缩小，创造条件使生产要素特别是农村人口、土地与劳动力按市场规律流动起来，增加农民进城动力，减少农村土地负荷，从而加速城市化进程。

四、优化社会资本参与乡村振兴的环境

优化社会资本参与乡村振兴的环境，引导和撬动社会资本投入。优化农村市场环境，全面推行注册资本实缴改认缴、"先照后证"改革、放宽住所（经营场所）登记条件等改革举措，鼓励通过冠名、道路沿线土地整治开发、企业捐资等方式，引导各类经营主体（经济组织）、农民、社会自然人投资适合产业化、规模化、集约化经营的农业领域。鼓励工商资本发展智慧农业、循环农业、休闲旅游、环境整治等方面的综合经营，通过项目建设带动人才回流农村，培养本土人才。加大农村基础设施和共用事业领域开放力度，健全完善PPP项目价格和收费政策，积极创新运营模式，充分挖掘项目商业价值，吸引社会资本参与乡村振兴。规范有序盘活、用活农业农村基础设施资产，回收资金主要用于补短板项目建设。积极落实外商投资产业政策，对不属于外商投资准入负面清单的涉农企业，实行工商登记与商务备案"一口办理"。继续深化"放管服"，对财政补助的点多面广的涉农项目，根据有关法律法规，可不进行招投标的，按以奖代补、先建后补、进度拨款等方式加强管理。依法必须进行招标的工程建设项目，招标人自主决定招标最高限价，最高限价不得超过依法审定的项目投资概算或者预算。

第四章 政策建议

 ## 第一节 分类推进乡村振兴

一、集聚提升类

现有规模较大的中心村和其他仍将存续的一般村，占全市乡村类型的大多数，是乡村振兴的重点。科学确定乡村发展方向，在原有规模基础上有序推进改造提升，激活产业、优化环境、提振人气、增添活力，保护保留乡村风貌，建设宜居宜业的美丽乡村。鼓励发挥自身比较优势，强化主导产业支撑，支持农业、农贸、休闲服务等专业化乡村发展。

二、城郊融合类

城市近郊区以及区县城所在地乡村，具备成为城市后花园的优势，也具有向城市转型的条件。综合考虑工业化、城镇化和乡村自身发展需要，加快城乡产业融合发展、基础设施互联互通、公共服务共建共享，在形态上保留乡村风貌，在治理上体现城市水平，逐步强化服务城市发展、承接城市功能外溢、满足城市消费需求能力，为城乡融合发展提供实践经验。

三、特色保护类

历史文化古村、传统村落、民族村寨等文化底蕴深厚、历史悠久、风貌独特的乡村，要统筹好保护与利用、发展的关系，保护历史文化资源和传统建筑，传承民风民俗和生产生活方式，推动特色资源保护与乡村发展良性互促，充分彰显巴渝文化、红色文化、民族文化、民俗文化以及文化遗产的内涵特质。对位于自然旅游资源丰富、乡村田园风光独特区域的乡村，要充分依托山、水、林、田、湖、江河、峡谷、石林等自然景观，大力发展生态观光、生态农业、乡村旅游等业态，突出主题、错位发展，着力打造特色产品、特色品牌，避免千篇一律、千村一貌。

四、搬迁撤并类

出台乡村搬迁撤并指导意见，对处于地质安全隐患区、自然保护区、水源保护区、采煤沉陷区、特别偏远山区、生态极度脆弱区域及不具有保留价值的空心村等乡村，因重大项目建设需要搬迁的乡村，通过易地扶贫搬迁、生态搬迁、撤并搬迁等方式，逐步引导人口向城镇集中或者就近适宜乡村安置，统筹解决村民生计、生态保护等问题，有序推进搬迁撤并工作。坚持乡村搬迁撤并与新型城镇化、农业现代化相结合，依托城镇、产业园区、旅游景区等适宜区域，促进农民就地就近安居和转移就业。搬迁撤并乡村严格限制新建、扩建活动，按照保障农民基本生产生活条件、满足人居环境干净整洁的基本要求，合理确定基础设施和公共服务项目建设规模。农村居民点迁建和乡村撤并，必须尊重农民意愿并经村民会议同意，不得强制农民搬迁和集中上楼。

第二节　加快推进农业农村现代化

一、全面提升农业综合生产能力

增强粮食综合生产能力。严守耕地红线，全面落实永久基本农田特殊保护政策措施。划定和建设粮食生产功能区和重要农产品生产保护区。大规模推进高标准农田建设，加强各类农田建设资金统筹整合，充实建设内容，健全建后管护机制，稳步提升粮食综合生产能力。强化高标准农田建设监测监管和评价考核，逐步建成高标准农田全市"一张图"，实现高标准农田建设位置明确、地类正确、面积准确、权属清晰。采取"小改大""零并整""梯改缓"等措施，继续开展万亩宜机化示范田建设。加强农村土地整治耕地质量提升建设，开展整治后耕地质量和耕地产能评价工作，强化耕地质量等级调查与评定，切实加强全市耕地保护。

二、强化农业科技支撑

实施农业科技创新驱动工程,加强高新技术示范区、"世界顶级专家试验田(场)"、农业重点实验室、工程技术中心等科技成果集成示范基地建设。加强重庆市农业科学院、林业科学研究院、蚕业科学技术院等涉农科研机构能力建设,强化农业科技人才培养,实施一批涉农科技创新专项。大力推进水稻、油菜等主要农作物生产全程机械化技术和局部地区集中连片全面机械化。深化农业科技体制改革,探索开展农业科研"后补助"试点,提高农业创新服务效率。探索公益性和经营性农技推广融合发展机制,推广"专家+农机指导员+科技示范户+农户"服务指导模式,支持各类社会力量广泛参与农业科技推广。

三、提升农业农村信息化水平

实施"互联网+"现代农业智慧农业引领工程,重点攻克农业信息智能感知与识别关键技术、农业物联网信息融合与云计算共性核心技术,加快物联网、大数据、云计算等智能化技术应用。着力构建四级农村综合信息服务体系,促进信息技术与农民生产生活、农村公共服务、农村社会管理的深度融合,建立智慧农民培育平台,加快农业农村信息化推广应用。围绕"互联网+农业科技服务",推进村级益农信息社建设。推进农业气象服务标准化建设。大力发展智慧型、精准化农业气象服务。支持市场主体建立农业行业与专业信息服务站。探索可持续发展的农村信息服务模式,建立农村信息化标准体系,完善管控制度,健全工作规范,优化维护保障。

四、优化农业生产布局

综合考虑地理气候、区位优势、产业基础、资源禀赋和市场需求等因素,合理划分粮食生产功能区、重要农产品生产保护区和特色农产品优势区,因地制宜、合理布局全市现代山地特色高效农业,促进各区域优质发展、特色发展、差异发展、协调发展。突出重点品种、重点区域,推动农业生产从生态问题突出地区、气候不适宜地区、低效产品供给区向适宜区域转移,加快农业生产向优势产区集聚。对于平坝、丘陵地区,重点发展设施农业、创意农业、高科技农业、生态牧业、观光休闲农业等产业,加快建成全市优质粮油重点生产基地和主城区"菜篮子""米袋子""肉盘子"。对于三峡库区、大巴山区、华蓥山区、武陵山区、大娄山区等受地理

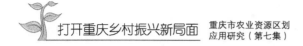

条件限制区域，依托峡江山水、民族文化等资源，重点发展现代山地特色高效农业产业链，培育高山休闲纳凉、乡村生态民俗文化旅游、森林（中医药）康养等特色优势产业。

五、构建农业农村对外开放新格局

主动对接"一带一路"沿线国家和重点国家、地区，鼓励针对国外市场需求开展农业生产和新产品开发，拓展农产品出口贸易新空间。支持有条件的区县积极申报国家外贸转型升级基地，加快推进出口食品农产品质量安全示范区、有机产品认证示范区和良好农业规范示范区建设，提升农产品国际竞争力。用好中欧物流通道，加强农产品跨境物流一体化建设，培育一批农产品跨境电商龙头企业。支持重庆农业企业走出去。依托"一带一路"、重庆自由贸易试验区、中新（重庆）战略性互联互通示范项目建设，支持各区县和重点园区加强涉农项目策划，完善重大涉农外资项目库，多形式、多平台开展农业对外招商引资活动。积极创造条件，引导外资外商下乡，构建农村开放新局面。完善指定口岸体系，申报设立进口粮食、植物种苗、木材等指定口岸，扩大延伸进口水果、肉类、水产品等指定口岸监管点。提升中国西部农交会国际化水平，打造成为西部地区农业对外开发合作重要平台窗口。

六、建立现代农业经营体系

壮大新型农业经营主体。大力发展家庭适度规模经营，鼓励农户依法流转土地经营权，兴办家庭农场或种养大户，分级建立家庭农场示范名录和管理服务制度。突出发展合作经营，鼓励新型农业经营主体和农户进行多种形式的联合与合作。发展新型农村集体经济。深入推进农村集体产权制度改革，全面开展农村集体资产清产核算和集体成员身份确认。探索在尊重民主协商基础上确认农村集体经济组织成员的具体程序、标准和管理办法，组织实施好赋予农民对集体资产股份占有、收益、有偿退出及抵押、担保、继承权改革试点，完善集体成员对集体资产股份的继承、抵押、担保、有偿退出等权能，建立健全资产管理、经营、分配等制度，充分保障农村集体经济组织及成员合法权益。创新农业社会化服务。加快培育农业经营性服务组织，积极发展农机作业、良种繁育、统防统治、测土配方施肥、粪便集中处理等农业生产性服务业，支持建设粮食烘干、农机场库棚、仓储物流等配套设施。促进小农户和现代农业发展有机衔接。鼓励新型农业经营主体与农民开展"合股联营"，完善利益联结机制，把小农生产引入现代农业发展轨道。稳妥推进土地入股、土地流转、土地托管、联耕联种等多种经营方式，推动家庭经营、集体经营、合作经营、企业经营共同发展。

第三节　深化农村土地改革

2016 年，习近平总书记主持中央深改小组会议，审定下发《关于完善农村土地所有权承包权经营权分置办法的意见》，强调要完善承包地"三权"分置制度。新时代要继续围绕推动农村土地流转及产权制度改革，要赋予农民更多财产权利，尽快完成土地承包经营权新一轮确权登记颁证工作，全面开展农村土地承包经营权抵押，保护农户的承包权，任何组织和个人都不能非法剥夺或限制农户的土地承包权，同时放活土地经营权，保障农民有稳定的经营预期，从而实现农村土地"三权分置"。通过深化承包地"三权分置"改革、承包地退出改革、宅基地退出改革和集体经营性建设用地入市改革等，以土地制度改革为重点的动力机制，为乡村区域从城市带来动力强劲的社会资本，激活农村要素与城市资本下乡间的高效对接，通过土地要素的进一步市场化，推动城乡融合发展。同时，全面深化农村集体资产股份合作制改革，健全农村产权流转交易服务和抵（质）押融资平台和交易品种，推进股权质押融资平台实质性运行，扩大信用贷款、政银保合作贷款和农房抵押贷款业务规模，探索土地承包经营权、宅基地使用权和村集体股权抵押质押贷款，有效解决农村资金总体短缺、金融抑制的矛盾，盘活农村集体资产，进一步扭转土地、劳动力、资金等基本生产要素持续大规模由乡到城单向流动趋势，促进城乡资源平等公平自由交换。

第四节　推进农业农村绿色发展

一、强化资源保护与节约利用

按照国家空间规划编制管理要求，衔接协调三类空间和三条主要控制线，划定城镇开发边界，严格落实永久基本农田特殊保护政策措施，不断完善占补平衡政策体系，牢牢守住耕地红线。加强重点区域耕地保护，降低耕地开发利用强度。加强旱地农田、果园、菜园等农田生态系统的保育以及退化农田的改良修复，实施保护性耕地保护示范工程，建立一批农田保护性耕作示范区。严守水资源开发利用红线，实施水资源消耗总量和强度双控行动，防止不合理新增取水。严守用水效率控制红线，加大农业节水力度，加强灌区渠系节水改造、农业用水管理，积极推广高效节水灌溉技术，探索灌溉用水总量控制和定额管理，提高农业灌溉用水效率。深化农业水价改革，合理确定农村居民用水价格。

二、推进农业清洁生产

全面贯彻落实"一控两减三基本"要求，切实推行绿色生产方式，实现投入品减量化、生产清洁化、废弃物资源化、生产模式生态化。推进化肥农药减量使用，推广有机肥替代化肥、测土配方施肥，强化病虫害统防统治和绿色防控，推进化肥、农药使用减量化。注重引导养殖业跟着种植业走，根据种植业结构和养殖废弃物消纳半径，合理布局规模化养殖，加强畜禽养殖废弃物资源化利用，开展畜禽粪污资源化利用整县推进试点示范。优化种养业空间布局，限养区实现畜禽养殖总量控制，适养区畜沼果、畜沼菜等生态循环农业，促进粪污就地就近消纳。加快发展生态循环农业，大力推广畜沼果、鱼菜共生、稻鱼工程、秸秆覆盖秋洋芋等生态循环农业模式。

三、集中治理农业环境突出问题

加强畜禽养殖污染治理，扎实推进规模化养殖场粪污防治配套设施建设，科学编制种养循环发展规划，搭建畜禽养殖"一场一档"信息化管理平台。开展农业环境突出问题综合治理，推动兽药（抗菌药）综合治理五年行动，采取源头控制、中端拦截、末端治理的方式进行综合防控，推进高毒高残留禁止销售试点和低毒低残留、生物农药推广补助计划，减少农业投入品流失对水体的污染。严禁工业和城镇污染向农业农村转移，加强农业面源污染国控点监测，完成第二次污染源（农业源）普查，开展农用地土壤重金属污染普查，启动实施耕地土壤污染治理与修复试点。加强产地环境源头防控，推行统防统治、绿色防控、配方施肥、健康养殖。

第五节　稳步推进城镇化

统筹城乡发展空间，优化空间用途，稳步推进城镇化。一是强化空间用途管制。在保障农产品有效供给和生态安全的前提下，集约高效有序布局各类开发建设活动，引导人口分布、产业布局等与资源环境承载力相适应。坚持生态优先，绿色发展，以资源环境承载力评价和国土空间开发适宜性评价为基础，科学划定城镇、农业、生态空间以及生态保护红线、永久基本农田、城镇开发边界（简称"三区三线"），确定环境容量、开发强度和底线控制要求。按照主体功能区战略要求，立足自身资源禀赋，做好开发强度管控和主要控制线落地，科学确定各区域发展重点。二是优化城乡空间结构。以城市群为主体构建主城区、区县中小城市、小城镇协调发展的城镇化发展格局，加快发展中小城市，完善区县城综合服务功能，增强人口和经济集聚能力，承接主城区产业外溢、东部产业转移，增强对乡村的辐射带动能力，推动农业转移人口就地就近城镇化。坚持"小而美"的空间格局，加强以集镇为中心的农民生活圈建设，坚持生态宜居，推动形成类型多样、充满活力、富有魅力的特色小镇发展新格局。建设美丽宜居乡村，科学布局农村集中居民点，做强中心村、特色村，发挥乡村多功能性，把乡村作为优质农产品供给、乡村文化传承和农民美好生活的空间载体。三是加快优化乡村规划。坚持一体设计、多规合一、功能互补，以国民经济和社会发展规划、各级城乡规划和土地利用总体规划为依据，通盘考虑城市和乡村发展，遵循保护生态、有利生产、合理布局、改善生活、因地制宜、尊重传统、村民参与的原则，突出自然生态、农耕传统、巴渝风情，开展镇乡规划修编和村规划编制。强化"统筹规划"和"规划统筹"，一体谋划产业发展、基础设施、公共服务、资源能源、生态环境保护等，加强各类空间规划有机融合，构建统一协调的空间规划体系。综合考虑乡村发展实际和演变趋势，充分结合高标准农田、标准化现代山地特色高效农业产业基地、乡村旅游、农村一二三产业融合等建设和发展需求，合理确定乡村空间布局和规模，引导乡村科学开发和有序建设。

🌳 第六节　促进城乡要素自由流动

城乡要素的自由流动是城乡融合发展的本质要求和重要体现。积极创新城乡在人才、土地、资金、技术方面的制度安排，推动优质要素向农村流动。一是在稳定土地家庭联产承包经营权的基础上，深化土地三权分置改革和农村集体产权制度改革，为城市资本、人才和技术进入农村创造条件。二是拓宽融资渠道为农业农村提供金融支持。大力推进农村金融创新，完善农村金融体系，适当增加农业政策性银行。农村金融服务机构要加大对农民工返乡创业的信贷支持力度，要明确将"取之于农"的存款按照一定投放比例"用之于农"。不断增设或升级改造营业网点，加大乡镇及以下网点的布设力度；促进金融机构间的合作，不断创新金融产品；大力拓展资金来源，发展互联网金融，规范发展农村合作金融。拓展农村信用卡业务，解决农民短期资金周转需求。建立农民信用体系，将农民就业生活的微观行为转化成可计量的信用程度，为农民贷款申请和发放提供可靠的依据，进而降低门槛并提高授信额度。

重点做好以下 7 个方面的工作：第一，着眼于统筹城乡劳动就业，大力推动农村富余劳动力转移。第二，着眼于统筹进城务工经商农民向城镇居民转化，大力加强农民工就业安居扶持工作。第三，着眼于统筹城乡基本公共服务，逐步提高农民社会保障水平。第四，着眼于统筹国民收入分配，大力加强对"三农"发展的支持。第五，着眼于统筹城乡发展规划，大力推进生产力合理布局和区域协调发展。第六，着眼于统筹美丽农村建设，大力促进现代农业发展和农村基础设施改善。第七，着眼于统筹城镇体系建设，大力打造城镇群。

🌳 第七节　推进城乡基本公共服务均等化

推进城乡基本公共服务均等化是城乡融合发展的核心内容。推进城乡基本公共服务均等化，需要着重加强以下几个方面：一是进一步优化教育资源布局，确保教育基本公共服务设施对居住人口的全覆盖，针对主城区外的区县，重在将更多教育资源向渝东北和渝东南倾斜，促进全市教育均衡发展。引导职业教育向城市聚集，促进教育布局与产业布局进一步对接。实施现代大学文化、学科专业发展能力、师资队伍综合能力、人才培养质量、科研创新能力、国际合作与交流等专项提升计划，推动一批高校和学科的综合实力、行业竞争力、区域竞争力和影响力跃上新台阶。二是依法保障平等的教育权利，坚持划片免试就近入学，义务教育阶段公办学校全面停止招收推优生、保送生和特长生，根据适龄学生人数、学校分布、交通状况等因素，每所义务教育阶段学校划定招生片区，将招生计划合理分配到辖区内。在教育资源配置不均衡、择校矛盾突出的城区，把热门初中小学招生计划分散到多个片区，探索"多校划片"、电脑派位等方式招生。三是通过"强校带弱校""名校＋分校""一位校长管理多所学校"等学区制管理改革，推动学区内师资、设备、场地、课程等资源共享，打造一批优质教育集群。开展委托管理试点，城市配套新建学校、薄弱学校委托名校进行管理，缩短新校、弱校成长周期。实施"对口帮扶""校校牵手"等项目，组织城镇优质学校与农村薄弱学校建立发展共同体。四是探索取消普通高中联合招生制度，深入推进初中学业水平考试和综合素质评价改革，逐步扩大区县中考命题自主权范围。全市普通高中不再新设重点学校，逐步取消重点班，形成市级宏观管理、区县依法自主招生、社会有效监督的普通高中招生机制。五是建立城乡统一的就业失业登记制度和就业援助制度。进一步完善政策体系、人力资源市场体系和就业服务体系。建立健全以国有公益性人力资源市场为主体、职业中介机构为补充的人力资源市场体系，保证城乡劳动力就业和企业用工；开展城乡劳动力免费职业培训，提高城乡劳动力就业素质和能力。六是进一步推进城乡基本医疗卫生均等进程。开展重大疾病和突发急性传染病联防联控，提高对传染病、慢性病、精神障碍、地方病、职业病和出生缺陷等的监测、预防和控制能力。加强突发公共事件紧急医学救援、突发公共卫生事件监测预警和应急处理。继续推进卫生城镇创建工作，开展健康城市、健康村镇建设。加强居民身心健康教育和自我健康管理，做好心理健康服务。落实区域卫生规划和医疗机构设置规划，依据常住人口规模和服务半径等合理配置医疗卫生资源。深化基层医改，巩固完善基本药物制度，全面推进公立医院综合改革，推动形成基层首诊、双向转诊、急慢分治、上下联动的分级诊疗模式。完善中医医疗服务体系，发挥中医药特色优势，推动中医药传承与创新。七是加快城乡一体的社会保障体系建设，以建立更加公平和可持续的社会保障制度为总体目标，巩固和提高城乡社会保障并轨成果。建立健全更加公平

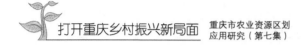
可持续发展社会保障体系，注重统筹各类社会群体和各类保障待遇。建立健全覆盖全民的社会保障体系，加快社会保障向外来落户人口覆盖。八是统筹规划发展城乡社区养老服务设施，在新建城区和新建居住（小）区按要求配套建设养老服务设施，老城区和已建成居住（小）区无养老服务设施或现有设施未达到规划要求的，通过购置、置换、租赁等方式建设。实施乡镇敬老院提档升级工程，增加康复护理功能，将具备条件和有一定需求的乡镇敬老院转型升级为农村区域性养老机构，在保障农村特困人员集中供养需求的前提下，为低收入、高龄、独居、失能、失独农村老年人提供机构托养服务。九是打造一批具备示范引领作用的社区养老服务中心（站）建立以养老服务企业和社会组织为主体、以社区为纽带，满足老年人各种服务需求的居家养老服务网络，为老年人提供助餐、助洁、助浴、助医、助行、助急等社区居家养老服务。十是加强城乡社区便民服务中心建设，完善城乡社区便民服务中心功能，按照一室多用原则，设置服务大厅、居民议事室、社会工作室、市民学校、妇女儿童之家等功能用房。推动构建机构健全、设施完备、主体多元、供给充分、群众满意的城乡社区服务体系，促进城乡社区服务均等化、便捷化、常态化和专业化，满足居民群众多样化、多层次、多方面的服务需求。

第二篇
重庆市全面推进乡村振兴
背景下农业产业振兴研究

① 研究专家：袁昌定、何道领、高敏、王绍熙、陈波、邓爱龙、黄川；结题时间：2021年11月。

党的十九大提出实施乡村振兴战略，十九届五中全会进一步强调，要全面推进乡村振兴，加快农业农村现代化。从"实施乡村振兴战略"到"全面实施乡村振兴战略"，"全面"二字内涵丰富，既体现了乡村振兴已取得阶段性成果，又指向下一阶段将往扩面提质方向发力。产业振兴是乡村产业振兴、乡村人才振兴、乡村文化振兴、乡村生态振兴、乡村组织振兴等"五个振兴"的基础，产业兴旺是乡村振兴的重要基础，是解决农村一切问题的前提。受重庆市农业农村委的委托，新华社重庆分社、市畜牧业协会开展全面推进乡村振兴背景下农业产业振兴研究，形成本报告。

第一章 农业产业发展现状

第一节 产业发展取得长足进展，为乡村振兴奠定了良好基础

一、产业总体达到新高度，但部分产业弱化

2020 年，全市粮食种植面积 3 004.6 万亩，产量 1 081.4 万吨；油料播种面积 500.8 万亩，产量 67.1 万吨；蔬菜播种面积 1 158.0 万亩，产量 2 092.6 万吨；水果产量 514.8 万吨；茶叶产量 4.3 万吨；全市出栏生猪 1 434.5 万头，牛 55.5 万头，羊 449.7 万只，家禽 22 872.22 万只，兔存栏 780 万只，全猪牛羊禽肉产量 158.06 万吨，牛奶产量 3.21 万吨，禽蛋产量 45.72 万吨，蜂蜜产量 2.35 万吨；水产品总产量 52.4 万吨。粮食、蔬菜、水果等产业都达到了历史的面积和产量最大化。但受农业经济在国民经济中弱化的影响，烟叶、蚕桑、小麦、玉米、红苕等传统产业的面积、产量和产值都出现了不同程度的退化，部分传统优势产业变成劣势产业。奶牛产业呈逐年下降趋势。

二、改革呈现新形势，发展动力大增

农村改革全面深化，产权日益明晰，存量资源逐步盘活，成为农业农村发展的新动能；农业发展正由"生产导向"转向"消费导向"，需求结构、供给模式、经营方式加速变化，产业链朝着多功能、开放式、综合性方向延伸，一二三产业跨界融合加快，正成为农村经济新的增长点；城乡互动频繁，农民工进城和城市工商资本下乡势头强劲，城乡资源、要素、技术、市场等需求整合集成和优化重组，成为农业农村发展的新源泉；农

业加快融入国际国内大市场，两个市场、两种资源相互作用，农产品供需关系和农业产业结构深度调整，成为农业农村发展的新动因；大数据、云计算、互联网广泛应用，深刻改变农产品传统营销模式，销售渠道更广、时空距离更长，成为农业农村发展的新动力。2020 年，在落实集体所有权上，承包地集体所有权确权颁证率达 99％，农村"三变"改革试点村达到 591 个，占全市行政村的 7.4％，累计入股耕地、林地 86 万亩，盘活集体林地、草地、水域、"四荒地" 17 万亩，闲置农房 3 645 套，集体经营性资产 4.1 亿元、撬动社会资本 19 亿元，吸引本土毕业大学生、离退休干部、企业家 843 人和返乡农民工 4 547 人创业创新，103 万农民成为股东。

三、生产出现新方式，发展更加生态

生产规模出现大的调整，农业生产经营正由分散型小农经济向集约化、专业化、组织化、社会化方向转变，一家一户小规模生产逐步退出市场；新型农业经营主体大量涌现，专业合作组织、社会化服务、家庭农场，成为现代农业发展的新力量；生产方式正在不断变革，机械化、集约化、标准化已经成为农业发展的重要方向，如规模化蛋鸡、集约化商品猪饲养、生态鱼微流水循环养殖方式已经成为业主追逐的目标。在发展理念上更重视环保，向生态绿化发展，如取缔网箱养鱼、由水库投肥料养殖转变成生态养殖模式，保护了水资源，减少了水污染。2020 年，全市土地流转 1 529 万亩、流转率 44.1％，适度规模经营 1 279 万亩、规模经营集中度 37.5％，累计组建土地股份合作社 3 945 个，土地经营权入股 105 万亩，培育农业社会化服务组织 10 958 个，农业生产托管服务达到 1 158 万亩。

四、产业涌现新业态，生产效益提高

近年来，重庆市农业新产业新业态已日见雏形。乡村休闲旅游、民宿体验、农业康养、农产品电商、物联网、鲜活农产品仓储与物流等行业大量涌现。2020 年，农产品网络零售额 130.7 亿元，同比增长 21％。荣昌国家生猪市场累计交易额超过 724 亿元，平台累计交易生猪达 5 000 万头。万州、涪陵、江津等 17 个农产品仓储保鲜冷链设施建设试点区县，新建农产品产地仓储保鲜设施 200 个以上，总建设规模达 36 973 吨，已建设完成项目 229 个。创建全国休闲农业和乡村旅游示范县 12 个、全国休闲农业和乡村旅游示范点 23 个、中国美丽休闲乡村和美丽田园 48 个、全国乡村旅游重点村 29 个。乡村休闲旅游共接待游客 2.11 亿人次，经营收入 658 亿元，带动 64 万余户农民增收。

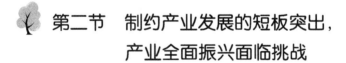

第二节　制约产业发展的短板突出，产业全面振兴面临挑战

一、农业生产资源禀赋，但立地条件差

重庆全市农用地总面积为 10 250.7 万亩，其中：耕地 3 512.6 万亩、园地 393.9 万亩、林地 5 292.7 万亩、草地 344.6 万亩、养殖水面 145.0 万亩、其他 561.9 万亩。由于地形地貌结构较为复杂，以丘陵、山地为主，全市山区、丘陵占 98%，其中山地占 76%，真正的平地只有 2%，耕地多为"巴掌田""鸡爪地"、瘦薄土，农业机械化很难普及，大多依靠传统的人力操作，农业生产成本高，产出率低，效益差。同时，重庆市寡日照（1 050 小时）、高湿度、降雨季节分布不均的特点，使工程性缺水严重，农业生产的产量、品质、安全、效益等大打折扣，大大制约了农业生产。重庆市日照百分率 25%～35%，为全国年日照最少的地区之一，冬春日照更少，仅占全年的 35% 左右。

二、新型主体发展迅猛，但示范带动弱

2020 年，重庆全市农业产业化龙头企业达到 3 716 家，其中市级以上龙头企业 792 家（国家级龙头企业 41 家）；累计培育农业生产社会化服务组织 10 958 个，其中已有 2 216 个纳入"中国农服"平台名录库管理；累计发展家庭农场 3.26 万个；农民合作社 3.77 万个；新型经营主体得到了长足发展。但全市国家级农业龙头企业占比 1.1%，重庆市农业产业化仍然存在龙头企业数量少、个体规模小、带动力不强、与农民的利益联结机制不够完善等问题。

三、一二三产业融合快，但融合程度低

科技成果转化与生产、生产发展与营销加工、营销加工与消费升级等各环节协调联运不够紧密。种养循环、初级农产品加工、冷链物流、终端销售等产业融合度不够。龙头企业的引领带动作用不明显。初级农产品及后续加工、餐饮等开发推广的品牌效应不突出。市场对畜产品需求与畜牧

生产供应互联互通、反馈及时性和有效性亟待提高。在全市的 3 716 家农业产业化龙头企业中，加工业占龙头企业数的 26％以上，休闲旅游业占龙头企业数的 5％以上，而其他家庭农场、农民合作社、种养殖大户和广大农户，绝大多数是生产为主，一二三产业融合度不够。

四、农业品牌不断创建，但影响力度小

2020 年，"三品一标"农产品总数达 6 794 个。全年新认证"两品一标"农产品 855 个，重庆市有效期内"两品一标"农产品 2 770 个。重庆市名牌农产品总数达 483 个，新增 26 个农产品获评全国名特优新农产品，累计 46 个农产品获评全国名特优新农产品。鱼泉榨菜、汇达柠檬、派森百橙汁、凯扬农业 4 家龙头企业分别跻身全国农业行业蔬菜类、水果类、林特类 TOP10 龙头品牌。涪陵榨菜、恒都牛肉、江小白等一大批特色品牌走上全国人民的餐桌。开县春橙、巫山脆李、奉节脐橙等产品成功登陆央视"品牌计划——广告精准扶贫"栏目。江津花椒、彭水苏麻、石柱莼菜、渝北梨橙等品牌农产品成功进入《源味中国》栏目。但与浙江、江西、四川、贵州、云南等省市的茶叶、柑橘、蔬菜、乡村休闲旅游等知名品牌比，重庆市的品牌价值、影响力、产业链开发、综合收益率等都相差太远。

五、农业生产要素丰富，但集聚程度散

近年来，城乡互动频繁，农民工进城和城市工商资本下乡势头强劲，带动资源、要素、技术、市场等需求整合集成和优化重组，成为农业农村发展的新源泉。大数据、云计算、互联网等城市资源广泛进入农业农村，深刻改变农产品传统营销模式，销售渠道更广、时空距离更长，成为农业农村发展的新动力。重庆市新建开通 5G 基站 3.9 万个，累计开通 5G 基站 4.9 万个，跻身全国第一梯队。重庆市 5G 信基站的建设，加快 5G 网络全覆盖。城市资本进入农村达到 10 亿元，选派 550 名国家"三区"人才，750 名市级科技特派员，与 3 653 家农业企业、专业合作社、协会等建立帮扶关系，培训农民 11.85 万人次，培训基层技术骨干 6 327 人。但从总体来看，资金、人才、信息、市场等与农业生产紧密相关的生产要素结合不紧，各自为政的情况还没有完全摒弃，聚合力没有完全发挥出来。

第二章 农业产业振兴总体思路

第一节 指导思想

以习近平新时代中国特色社会主义思想为指导，深入贯彻落实党的十九大和十九届二中、三中、四中、五中全会精神，全面贯彻落实习近平总书记对重庆提出的"两点"定位、"两地""两高"目标和营造良好政治生态、做到"四个扎实"的重要指示要求，坚定不移贯彻新发展理念，坚持稳中求进工作总基调，以推动高质量发展为主题，以巩固拓展脱贫攻坚成果同乡村振兴有效衔接为着力点，围绕农村一二三产业融合发展，充分挖掘乡村多种功能和价值，聚焦重点产业，聚集资源要素，强化创新引领，突出集群成链，延长产业链，提升价值链，培育发展新动能，加快构建现代农业产业体系、生产体系和经营体系，推动形成城乡融合发展格局，促进农业高质高效、乡村宜居宜业、农民富裕富足，为农业农村现代化奠定坚实基础。

第二节 基本原则

一、因地制宜，突出特色

依托种养业、绿水青山、田园风光和乡土文化等，发展优势明显、竞争力强的山地特色农业产业，更好彰显巴渝特色，承载乡村价值，体现乡土气息。

二、市场导向，政府支持

充分发挥市场在资源配置中的决定性作用，激活要素、市场和各类经营主体。更好发挥政府作用，引导形成以农民为主体、企业带动和社会参与相结合的农业产业发展新格局。

三、融合发展，联农带农

加快农业全产业链、全价值链建设，健全利益联结机制，把以农业农村资源为依托的二三产业尽量留在农村，把农业产业链的增值收益、就业岗位尽量留给农民。

四、绿色引领，创新驱动

践行绿水青山就是金山银山理念，严守耕地和生态保护红线，节约资源，保护环境，促进农村生产生活生态协调发展。树立高质量发展理念，推动科技、业态和模式创新，提高农业产业质量效益。

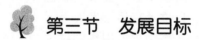

第三节　发展目标

到 2025 年，全市现代山地特色高效农业产业体系、生产体系、经营体系更加健全完善，农业规模化、集约化、标准化水平进一步提高，农村一二三产业深度融合，产业链优化升级，第一产业增加值年均增长 4% 以上，农产品加工产值与农业总产值比达到 2∶1，农业科技进步贡献率达到 64%，农业劳动生产率达到 6.2 万元/人。粮食总产量稳定在 1 075 万吨，蔬菜、水果、茶叶、肉类、禽蛋、水产品产量分别达到 2 100 万吨、800 万吨、5 万吨、180 万吨、50 万吨、55 万吨。

到 2035 年，全市现代农业产业体系、生产体系、经营体系全面建立，成渝现代高效特色农业带全面建成，农业质量效益和竞争力大幅提升，基本达到农业高质高效、乡村宜居宜业、农民富裕富足的目标，基本实现农业农村现代化。

第三章　农业产业振兴战略

第一节　调结构——加快农业结构
向良性方向转变

一、调整产业结构

树立大农业、大食物观念，在稳定发展粮食生产（面积 3 005 万亩、产量 1 081 万吨）的前提下，按照"粮经饲统筹、农林牧渔结合、产加销服旅一体"的要求，面向市场需求大力推进农业产业结构调整，合理开发多种农业资源，在保障全市基本口粮安全的前提下，大力调整农业结构，调减低效产业生产，增加经济作物种植面积，为消费者提供多元化的农产品，增强供给结构的适应性和灵活性，实现稳粮、扩经双赢。充分利用农作物景观资源，拓展农业功能，全面推动乡村休闲旅游产业大发展。

二、调整产品结构

适应城乡居民消费结构升级的需要，大力发展适销对路的优质农产品，大幅度提高优质农产品比重。推行农业标准化、绿色化、规模化、品牌化生产，着力提高农产品的质量安全保障水平，提高消费者对农产品的信任度和地产农产品的市场占有率。生产销售绿色、有机、富硒和地方土特农产品，丰富农产品加工产品种类，发展即食型旅游农产品，推广品牌农产品，引导特色杂粮进入餐桌行动。加大古昌土猪肉、琪金土猪肉、万县老土鸡、城口山地鸡等优质畜产品品牌推广宣传力度。到 2025 年，全市建成粮食、植物油、果蔬、肉类、调味品、中药材、烟草、渝酒、饲料、木竹等 10 个百亿级农产品加工产业集群，农产品加工总产值达到 3 163 亿元，

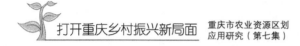
农产品商品率达到 65％，农产品加工转化率达 67.5％，加工处理率达到 30％以上，农产品全部实现加工兜底。

三、调整品种结构

加大农业科技投入，扶持种植业、水产业、畜牧业良种和种苗工程建设。推进重庆市农业科学院、重庆市畜牧科学院、中国农业科学院柑桔研究所的种业人才发展和科研成果权益改革试点。研发柑橘晚熟、特色蔬菜、优质粮油、早茶替代品种，加快荣昌猪、大足黑山羊、城口山地鸡等优良地方畜禽品种资源开发利用，培育涪陵黑猪等畜禽新品种，选育高产和抗病中华蜜蜂新品系，开展地方品系筛选。通过高接换种、淘汰新植、推广养殖业新品种等措施，迅速推广种养殖业新品种规模。到 2025 年，重庆市良种覆盖率达到 98％。

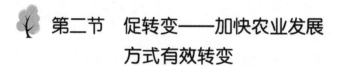

第二节　促转变——加快农业发展方式有效转变

一、向融合发展转变

大力推进主体协同、产业融合、区域统筹和农村经济、政治、文化、社会、生态"五位一体"协调发展，补齐短板，促进新型工业化、信息化、新型城镇化和农业现代化同步发展。开发农业多种功能，把农业生产与农产品加工流通结合起来，把农业、文化与旅游结合起来，互促互进，融合发展，延伸产业链、提升价值链、优化供求链、完善利益链，培育壮大农村新产业、新业态、新模式，促进农村一二三产业融合发展，把农业的增值收益更多留在农村，留给农民。突出发展乡村休闲旅游，支持创意农业、智慧农业、精致农业、光伏农业等新型业态，形成链条完整、功能多样、业态丰富、利益联结紧密、产业融合协调的新格局。到 2025 年，一二三产业融合度达 50％左右，主要农产品加工率 35％以上，近郊现代农业园区休闲观光利用率 30％以上，第二、第三产业产值占比大幅度增加。

二、向质量效益转变

由过去的主要追求产量和依赖资源消耗向数量质量效益并重转变，由超小规模向适度规模经营转变，由分散经营向联合合作经营转变，由粗放低效向集约高效转变，由外力拉动为主向增强内生动力转变。推进国家农产品质量安全区县创建。以产地环境、农业投入、生产技术、质量要求、包装储运等为重点，到2025年，重庆市农业标准达到500个以上，基本健全农业标准体系，引导扶持新型农业经营主体率先推行标准化生产，重点抓好300个"三园两场"创建。

三、向绿色生态转变

坚持节约资源、保护环境的基本国策，着力推进农业农村绿色发展、循环发展、低碳发展，形成节约资源和保护环境的产业空间格局和生产生活方式，念好"减、退、转、改、治、保"六字诀，创造良好生产生活环境。突出农村生态文明建设，严守"五个决不能"底线，守住耕地、林地、森林三条生态红线，转变生产生活方式和资源利用模式，着力推进绿色发展、循环发展、低碳发展。切实保护农业资源。大力发展节水农业。强化面源污染治理。推进农业废弃物资源化利用。提升应急监测能力。全面推进农村环境综合整治。加强水生态系统建设。积极发展生态循环农业。强化林业生态建设。抓好石漠化和水土流失治理。完善农业生态补偿机制。建立生态文明建设考评机制。推动农业环境治理区域合作。到2025年，重庆市森林覆盖率达到57%，畜禽粪污综合利用率达到92.8%以上，化肥、农药使用量减少1%以上，绿色防控覆盖率提高到40%，秸秆综合利用率达到85%，建立水产养殖尾水治理示范点250个，新增治理水土流失面积4 000平方千米。

第三节　强动力——增强农业产业高质量发展动力

一、增强改革带动力

推进农村承包地"三权分置"改革，扩大农村集体资产量化确权改革试点，深化农村产权抵押融资改革，探索农村集体经济有效实现形式，推进土地经营权入股发展农业产业化经营试点；建立健全新型农业经营体系，探索建立信息化助推农业农村发展机制，建立健全农业社会化、专业化服务体系，发展农业适度规模经营；推进农业项目财政补助资金股权化改革，探索建立市级农业补贴评估机制；加强农村产权抵押和融资服务体系建设。完善农村融通体制，扩大农产品价格指数保险和种养殖收益保险改革；深化供销合作社综合改革，培育农村流通主体，创新流通业态，健全完善流通体系；实施农田水利设施产权制度改革和创新运行维护机制，探索水利设施建设多元化投融资机制；深化集体林权制度改革，探索森林认证和碳汇交易试点，全面启动国有林场改革。

二、增强主体带动力

探索新型农业经营主体的培育模式、成长机制、政策体系和配套措施。在"三权"分离的基础上，巩固家庭经营的基础地位，大力扶持发展专业大户、家庭农场、农民合作社、龙头企业、农业社会化服务组织。分级建立家庭农场示范名录和管理服务制度，加强示范引导。鼓励发展多种形式的农民合作组织，深入推进示范社创建活动，促进规范发展。发展农民合作社联合社、家庭农场联盟、产加销联合体。到2025年，培育年销售收入5亿元的农业产业化龙头企业100家，国家级农业产业化龙头企业达到50家，推动农业企业上市1~3家，市级农业产业化龙头企业突破900家，区县级以上龙头企业达到4 000家；专业大户达到15万户，家庭农场达到4万户，农民合作社达到4万家以上，农户参加合作社的比例达到70%以上，合作社年销售收入突破300亿元；培育专业化社会化服务组织1万家。

三、增强品牌带动力

完善扶持政策，鼓励品牌创建，扩大品牌影响，引导市场消费。壮大一批区域公用品牌，振兴一批巴渝传统品牌，培育一批战略新兴品牌，做靓一批产业集群品牌。到2025年，重庆市创建中国特色农产品优势区11个、重庆市特色农产品优势区60个，新授权277个农产品使用"巴味渝珍"区域公用品牌，累计授权农产品达568个。创建区域公用品牌10个、产业集群品牌20个，振兴壮大国家级"老字号"品牌10个、国家级"非物质文化遗产"品牌10个，新培育国家级品牌20个、市级品牌100个。新打造2个全市农产品区域公用品牌，做靓1个重庆市农产品区域公用品牌（巴味渝珍）、50个区县区域公用品牌、500个重庆名牌农产品，全面提升重庆农产品品牌的知名度和影响力。

四、增强园区带动力

发挥现代农业示范区产业示范功能，推进国家现代农业示范区、国家现代畜牧业示范区、国家现代农业科技园区、农业可持续发展示范区和国家农业产业化示范基地建设和经营，加快市级现代农业示范区、现代农业示范工程建设，鼓励发展区域性、综合性、区县级现代农业示范园，打造一批农村产业融合发展示范平台。到 2025 年，国家级现代农业产业园达到 6 个，建设市级现代农业产业园 30 个，引进培育企业 100 家，园区综合产值突破 500 亿元，解决农业人口就业 10 万人。

五、增强信息带动力

发展大数据、云计算、物联网、农业综合服务平台、农业专家决策咨询系统，推动智慧农业发展。集聚农业农村信息网、农村党员远程教育系统和"12316""12396""12121""12582"等涉农信息资源，打造农村互联网门户网站及 App 应用体系的一体化服务窗口，实现涉农部门信息资源一站承载、无缝对接。推进农业物联网技术试验示范，推进"互联网＋"现代农业行动，创建具有重庆特色的农村电商大平台。探索建立农产品电子商务交易、监管和服务规范，鼓励新型农业经营主体发展农村电子商务。到 2025 年，新建智慧农业试验示范基地 120 个，累计建成 200 个；现代信息技术在设施栽培、畜禽养殖、水产养殖上应用分别达到 41.18 万亩、868.04 万头、8.82 万亩。农业生产数字化水平达到 30％以上，农业信息化综合水平达到 60％，农业规模化种养基地生产智能化水平达到 30％，重庆市设施农业物联网示范应用覆盖面达到 50％以上，培养农村信息化应用带头人和实用技术人才 25 万名。重庆市新增电子商务企业 1 457 家，累计超过 1.28 万家。

第四章　实施农业产业振兴工程

第一节　种业提升工程

打好种业翻身仗，努力打造西部种业高地。加快构建农业种质资源保护体系，围绕农作物、畜禽和水产三大领域，加快推进农业种质资源普查、收集、鉴定、评价与利用，构建以资源库为中心、资源圃为支撑、原生境保护区为补充的农作物种质资源保护体系，以地方畜禽遗传资源保种场、保护区和基因库为主体的畜禽遗传资源保护体系，以重要经济鱼类等为对象的水产种质资源保护体系。加强现代种业科技创新，高效整合市内外科研院所、涉农高校以及种业企业资源，构建种业科技联合体，强化育种理论、生物育种技术研究。实施新品种（系）培育等联合攻关，围绕粮油、蔬菜、特色水果、生猪、草食牲畜等优势特色产业，重点开展种质资源优异性状挖掘和新品种选育，培育一批具有自主知识产权的突破性品种。加强种源新产品和育种新材料创制。强化企业育种技术创新主体地位，构建以企业为主体的商业化育种体系，鼓励种业企业间联合、重组，培育壮大一批育繁推一体化现代种业企业。强化供种保障能力建设，引导种子生产企业向种子生产优势区域集中，支持建设标准化、规模化、集约化、机械化、信息化种子（苗）生产基地。加强种子供需信息定点监测、定期采集、应急监测与信息发布，确保农作物种子供种安全。调整优化储备作物、品种结构与数量，完善救灾备荒种子储备体系。加强畜禽良种繁育体系建设，优化父母代场布局，加强原种场、祖代场等高代次种场及人工授精站点建设扶持。实施渔业种业提升工程，建立拥有自主知识产权的繁育群体和良种生产供应体系。健全种业监管服务体系，建立健全种业技术支撑服务体系，加强品种试验、质量检测、种子认证、市场监测和品种展示评价等体系能力建设。强化种业市场执法和质量监管，加强植物新品种保护和培训宣传，规范农作物种子种苗、种畜禽生产经营许可和备案管理，构建职责明确、手段先进、监管有力的种业市场监管体系。完善地方畜禽遗传资源保护制度和种业保险政策。到 2025 年，建设国家级和市级农作物种质资源圃（库）18 个、国家级和市级畜禽遗传资源保护场（区）29 个、市级微生物保护库 5 个，新建或改造标准化优势农作物良种生产基地 5 万亩，改扩建地方畜禽高代次种场 50 个、水产原种场 15 个，建设"国际顶级共享父本育种基地"。

 第二节　粮食增效工程

严格落实耕地地力保护补贴和产粮大县、产油大县奖励政策。创新经营方式，支持家庭农场、农民合作社发展粮食适度规模经营，大力推进代耕代种、统防统治、土地托管等农业生产社会化服务，扩大粮油规模化种植面积，提高种粮规模效益。全面完成"两区"建设任务，形成布局合理、数量充足、设施完善、产能提升、管护到位、生产现代化的"两区"。分类有序推进撂荒地利用，建立撂荒地信息台账，将具备条件的撂荒地纳入高标准农田建设范围。综合运用卫星遥感等现代信息技术，加强耕地种粮情况监测。深入推进农业结构调整，推动品种培优、品质提升、品牌打造和标准化生产。大力开展绿色高质高效创建示范，稳步提高粮油单产水平。健全粮食产后服务体系，构建集生产、收购、储存、加工、物流、销售于一体的粮油流通体系。稳定粮食供给渠道，健全粮食应急体系。"十四五"，全市粮食播种面积不低于 3 005 万亩、产量不低于 1 081 万吨。全市水稻播种面积稳定在 980 万亩以上，玉米播种面积稳定在 660 万亩以上，油菜种植面积达到 400 万亩，带动油料播种面积达到 500 万亩，油料总产量达到 70 万吨。

 第三节　生猪保供工程

以国家现代畜牧业示范区为重点，以畜禽标准化示范创建为契机，推进农牧结合和适度规模，大力发展标准化和种养生态循环养殖，关闭小规模养殖场，建设大型现代化生态养猪场场，提高规模化、标准化、产业化水平。重点抓好荣昌区、合川区、江津区等 23 个生猪优势基地区县，加强荣昌猪、合川黑猪、丰都渠溪猪、潼南罗盘山猪等地方优良品种的保护与开发，改善猪肉供给结构。重点在荣昌、合川、万州、黔江等 28 个生猪主产区县打造国家优质商品猪战略保障基地，打造一批年出栏量 100 万头以上生猪调出大县。到 2025 年，新建年出栏 20 万头生猪养殖基地 10 个，标准化养猪场 100 个，重庆市生猪出栏稳定在 1 800 万头左右，生猪全产业链综合产值 1 000 亿元以上，生猪养殖规模化率达到 60%。

第四节　家禽转型工程

以围绕城市居民禽肉和禽蛋保供为主要任务，依靠现代科技，发展集约化、节约化、标准化蛋鸡规模养殖场，以城口县、秀山县、巫溪县等 14 个肉鸡生产大县，长寿区、铜梁区、大足区、梁平区、潼南区、黔江区、合川区、永川区等 8 个蛋鸡生产区县，铜梁区、梁平区、垫江县、酉阳县、荣昌区等 5 个水禽生产区县为重点，建设年出栏 100 万只肉禽养殖基地 10 个，年存栏 10 万只蛋禽规模化养殖基地 20 个。到 2025 年，重庆市家禽出栏达到 3 亿只，禽蛋产量达到 50 万吨以上，产值达到 80 亿元以上。

第五节　草牧业迭代工程

依托草山草坡资源和人工种草，推进规模化、机械化、专业化饲草料种植利用，草畜配套发展优质肉牛、肉羊、肉兔、长毛兔为主的草食牲畜，推动粪便养草还田措施。突出抓好关键环节，积极推进人工饲草基地建设，鼓励"牧＋旅"融合发展，实现草食畜牧业跨界融合发展。重点建设丰都县、石柱县、梁平区等 14 个肉牛重点生产区县，酉阳县、云阳县、巫溪县等 12 个肉羊重点生产区县，忠县、万州区、开州区等 18 个兔重点生产区县。建设天然草场改良基地 5 个、优质牧草种植示范基地 30 个，标准化、规模化养殖场 2 万个。到 2025 年，重庆市出栏肉牛达到 60 万头、肉羊达到 500 万只、肉兔达到 3 000 万只，产业链综合产值突破 300 亿元。

第六节　柑橘提质工程

以长江三峡库区为重点，按照"三季有鲜果、八个月能加工"的目标，推广"大基地、小单元、单品类、多主体、集群化"生产经营模式，持续优化早、中、晚熟品种结构，提升集约化、规模化、商品化生产规模。发挥国家区域性柑橘良种繁育基地优势，实现柑橘种苗繁育标准化、规模化。加快全国柑橘科技创新中心建设，组建重庆三峡柑橘集团，建设全国柑橘电子交易中心。以梁平、垫江、长寿、丰都等区县为重点发展柚子；以云阳、奉节、忠县、巫山等地为重点，布局发展甜橙；以忠县、万州、开州、长寿为中心，发展柑橘鲜食与冷鲜橙汁加工产业。以潼南、大足、万州等地为重点，构建集产品研发、种植、加工、储运、销售、旅游为一体的柠檬全产业链。到 2025 年，重庆市杂柑种植达到 70 万亩，脐橙种植达到 85 万亩，血橙种植达到 20 万亩。各类柑橘加工企业 300 家，总体加工能力达到 300 万吨，重庆市柑橘种植面积达到 380 万亩、产量达到 370 万吨，柠檬种植面积达到 50 万亩、产量达到 50 万吨。

第七节　榨菜提升工程

围绕规模化、园区化、标准化、品牌化，以做大榨菜加工、扩大青菜头鲜销为重点，加快榨菜产业链转型升级。建设涪陵、丰都、万州沿江榨菜产业带，打造长江上游榨菜优势产区。完善榨菜产业体系、经营体系和品牌体系，丰富产品类别，提高全球市场占有率。深入挖掘榨菜品牌内涵，巩固"涪陵榨菜"品牌地位。建设青菜头品种改良与栽培技术市级工程实验室，建设绿色智能化"中国榨菜城"及中国榨菜交易中心。到 2025 年，重庆市青菜头播种面积达到 190 万亩、产量达到 345 万吨，榨菜产业链综合产值达到 550 亿元。

第八节　茶叶振兴工程

坚持"提升绿红茶、复兴重庆沱茶、多茶类并举"思路，整合茶资源，挖掘茶文化，大力推进绿茶、红茶、白茶品牌建设，打造"重庆绿茶"公用品牌。提高夏秋茶资源综合开发利用效率，加大优质绿茶、红茶和紧压茶生产力度，做强地方白茶，建设名优绿茶主产区和全国大宗绿红茶及原料茶基地，打造中国西部早市名优茶产业带。加强标准化茶园建设，示范推广茶叶机械化采摘新装备、新技术，推动茶园机械化、数据化、智慧化。利用夏秋茶资源，传承创新重庆沱茶加工工艺，打造西部夏秋茶示范加工区。推进现有加工企业和品牌整合，培育一批骨干企业和知名品牌。发展一批300～500亩加工能力的现代化茶厂，培育一批连片作业的20～30亩适度规模经营主体，建成标准化茶园50万亩。到2025年，重庆市茶叶总面积稳定在100万亩左右，总产量达到5万吨。

第九节　中药材复兴工程

积极发展道地药材，打造黄连、川党参、山银花等"渝十味"道地品种。依托重庆市中药研究院、重庆市药物种植研究所，建设中药品种资源库、中药材科研中心。加强特色中药材GAP规范化种植基地建设。支持中药材加工龙头企业做大做强，建设现代中药材示范园区，做大中药加工业。传承中医药文化，发展健康养老产业。到2025年，重庆市中药材总面积稳定在270万亩左右，中药材综合产值达到500亿元。

第十节　渔业增效工程

优化渔业生产布局，构建特色鱼和冷水鱼向东、大宗鱼向西发展格局。规范发展稻渔综合种养，打造全国领先的山地特色稻渔综合种养典型样板。加强集中连片养殖池塘标准化改造。依托大、中型水库，建设生态水库渔业基地。在大水面投放滤食性、草食性等鱼类，发展不投饵、不投肥、不投药的增值渔业。开展国家级水产健康养殖示范县和国家级、市级水产健康养殖示范场创建。建设市级以上水产原良种场16个，生态化改造连片30亩以上老旧池塘10万亩，推广鱼菜共生5万亩，建设生态养殖示范基地100个、渔业产业园10个；建设稻渔综合种养示范基地125个；拓展水域牧场20万亩，发展水库生态鱼22万亩；打造休闲渔业示范基地100个。建

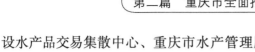

设水产品交易集散中心、重庆市水产管理服务云平台、重庆市产学研推水产技术中心。到 2025 年，重庆市池塘、大水面渔业面积稳定在 70 万亩和 50 万亩，稻渔综合种养面积达到 120 万亩。

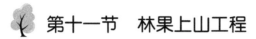

第十一节　林果上山工程

以脆李、梨、枇杷、葡萄等为主，培育和引进新品种，积极推广新技术，提升各类特色水果品质，推动特色水果产业多元化发展。做大"巫山脆李"，将巫山脆李打造成为中国南方脆李第一品牌。以黔江、石柱、酉阳等地为重点，大力发展"黔脆红李"。永川、巴南、綦江、南川、涪陵、渝北等区县重点发展梨，涪陵、永川、江津、丰都、合川等区县重点发展龙眼荔枝，合川、大足、云阳等地重点发展枇杷，打造四季特色经果林。建设李子基地 140 万亩、柚子基地 50 万亩，培育巫山脆李、涪陵龙眼、梁平柚、垫江晚柚等特色水果品牌。重点发展干果、木本油料、笋竹、木本中药材、珍贵树种、大径材、花卉苗木等经济林产业。大力培育绿色、循环、低碳型加工企业，建设林业特色区县、乡镇，培育特色林业知名品牌。大力发展林下经济，积极推广"林—菌""林—药""林—蜂""林—禽""林—菜"等林下综合种养模式。建设西部（重庆）花卉苗木产业园、荣昌麻竹国家生物产业基地。人工栽培储备林 95 万亩，现有林改培 170 万亩，森林抚育 35 万亩。到 2025 年，特色水果种植面积稳定达到 300 万亩，木本油料基地稳定在 300 万亩，笋竹面积达到 450 万亩，国家储备林达到 300 万亩，花卉苗木面积达到 70 万亩，木材综合利用能力达到 500 万立方米。

第十二节　加工提速工程

立足重庆资源禀赋，面向市内外消费市场，加强农产品加工平台和主体培育。拓展农产品初加工，提升农产品精深加工，开发类别多样、营养健康、方便快捷的系列产品。高附加值新产品。健全农产品加工产业体系。加大农产品加工科技投入，着力培养科技人才和创新团队。建立 100 万亩标准化加工专用原料供应基地，建成 500 个以上农产品初加工示范基地。打造集标准化原料基地、集约化农产品加工、体系化物流配送营销网络为一体

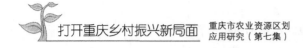
的 50 亿级和 100 亿级农产品加工示范园区 20 个以上。培育 500 家年产值超亿元的农产品加工示范企业。到 2025 年，建成粮食、植物油、果蔬、肉类、调味品、中药材、烟草、酒、饲料、木竹等 10 个百亿级农产品加工产业集群。

🌲 第十三节　乡村旅游工程

优化乡村休闲旅游格局，实施乡村休闲旅游精品工程，大力发展乡村民宿经济，建设全国乡村休闲旅游目的地。按照"全域全季全时"发展理念，优化全市乡村休闲旅游业发展布局，构建"春夏秋冬、东西南北"时空格局。以开发乡村景、兴办乡村乐、展示乡村艺、推出乡村味、包装乡村礼、举办乡村节、组织乡村赛、优化乡村境、宣传乡村游、鼓励乡村行、搭建乡村云、提升乡村品、富裕乡村人为主要任务，在资源开发和业态丰富、要素融合和整链打造、文化传承和创意设计、品牌培育和产业升级、设施配套和服务改善、规范管理和宣传营销上实现重大跨越，打造乡村休闲旅游精品线路 200 条，打造 100 个特色旅游镇、1 000 个特色旅游村，以点带面推进乡村文化振兴。培育 10 000 家规模经营主体。推动乡村休闲旅游与"后备箱经济"协同发展，打造一批"叫得响、拿得出、传得开"的特色后备箱产品。到 2025 年，国家级美丽休闲乡村达到 60 个，培育"地域"产品 445 个，年接待游客 2 亿人次以上，总收入达到 1 300 亿元，带动百万劳动力就业。

第五章　产业振兴政策建议

第一节　增加财政资金投入

建立公共财政向"三农"增加投入的长效机制，将城市建设配套费按一定比例切块投向农业产业与农村社会事业建设。财政补助资金重点投入到农业机械化、生产标准化、良繁体系、品牌建设、精深加工、市场营销、融合发展等关键环节上。新增农业补贴向农民专业合作组织、家庭农场、社会化服务组织、产加销联合体等倾斜。探索实施主要农产品生产物资、水电与价格补贴政策。

第二节　落实土地利用政策

落实新增建设用地分类保障政策。探索集体经营性建设用地资产化，盘活存量农村集体建设土地，推动宅基地复垦置换与挂牌交易，逐步建立统一的城乡建设用地市场。对使用国有建设用地的乡村旅游项目，用途单一且符合划拨范围的建设项目用地，可以划拨方式供应；用途混合且包含经营性用途的，应采取招拍挂方式实行有偿使用；鼓励以长期租赁、先租后让、租让结合等多种形式供应土地。推动所有权、承包权和经营权"三权"分离，引导土地承包经营权有序流转，探索土地整治溢价流转。出台社会资本进入农业或企业租赁农户承包耕地搞规模种养的准入和监管办法，探索建立土地流转风险保障金制度，出台土地承包经营权入股发展农业产业化经营的政策，探索现代农业园区建设的用地政策。

第三节　加大金融支农力度

坚持商业性金融、合作性金融、政策性金融相结合，落实涉农贷款的各项财税扶持政策，健全金融机构农村存款主要用于农业农村的制度，完善政策性金融支持农业开发和农村建设的制度。支持农业龙头企业到资本市场融资，开展债券融资试点，为新型经营主体提供贷款担保。着力构建政策性担保和市场化担保相结合的新型农业担保体系。引导商业性融资担保机构为新型农业经营主体提供融资担保服务。建立完善银担合作、风险分担补偿机制。

第四节　扩大农业保险范围

将柑橘、生猪、草牧、榨菜、大中药、林果、家禽、茶叶、蜜蜂、水产九类农产品纳入农业政策性保险范畴，开发适合新型农业经营主体需求的保险品种，积极探索开展经营收益、目标价格、动植物疫病等新型农业保险品种。提高财政保费补贴比例，根据生产物化成本变化适时调整保费与保额。丰富农业保险品种，规范保险定损、理赔程序。

第五节　加大招商引资力度

通过基础配套、项目扶持、用地保障、租金补贴、税收减免、贷款贴息等优惠措施，引进国家级、高科技、加工类、流通型农业龙头企业，参与重庆市农业产业振兴中来，引导鼓励加工、经营型企业与农业生产型组建产销、产加联合体，拉动优势产业生产规模的快速扩大。

第三篇
重庆市畜牧业发展"十四五"规划研究

① 研究专家：袁昌定、何道领、高敏、王绍熙、车嘉陵、何发贵、刘娟；结题时间：2019年11月。

"十三五"期间，重庆市畜牧业在巨大的市场风险、疫病风险和环保压力中艰难前行，取得了保障主要畜产品供给、促进农民增收的显著成绩。"十四五"时期，重庆市畜牧业发展机遇多、任务重。科学制定并实施好"十四五"畜牧业发展规划，对实施乡村振兴战略、促进农业农村现代化全面进步具有重要意义。开展重庆市畜牧业发展"十四五"规划研究是编制《重庆市畜牧业发展"十四五"规划（2021—2025年)》的一项重要基础性工作。

第一章 重庆市畜牧业发展现状研析

 第一节 "十三五"重庆市畜牧业发展取得的成绩

"十三五"期间，重庆市畜牧业长足发展，取得显著成绩，为畜产品保供、农民增收立下了汗马功劳，有力地推动了脱贫攻坚和乡村振兴战略的实施。

一、畜牧业综合生产能力稳步提升

"十三五"期间，重庆市畜牧业在巨大的市场风险、疫病风险和环保压力等不利因素的影响下，认真落实习近平总书记对重庆市提出的"两点"定位、"两地""两高"目标和营造良好政治生态、做到"四个扎实"的重要指示要求，坚持稳中求进的工作总基调，牢固树立新发展理念，按照"优供给、强安全、保生态"的新要求，以提质增效为中心，大力推进规模化、标准化养殖，加快构建现代化畜牧业生产体系，保障了畜产品有效供给，畜牧业综合生产能力稳步提升。一是畜产品数量稳中有增。2018 年，重庆市出栏生猪 1 758.22 万头、牛 54.49 万头、羊 447.04 万只、家禽 21 349.17 万只，比 2015 年分别增长－17％、－19％、－63％、11％；肉类总产量 182.22 万吨，禽蛋产量 41.46 万吨，比 2015 年分别增长－9％、－8％。2015—2018 年，重庆市肉类总产量、禽蛋总产量逐年增长，详见图 1。二是畜产品质量安全水平稳步提升。"十三五"期间，严控畜牧业投入品管理，推广使用绿色饲料、兽药和生物添加剂，有力地确保了畜产品质量安全。2018 年，全市畜产品"三品一标"产品达到 210 个，畜禽产品例行监测合格率 99.4％，分别比种植业产品、水产品高 2.2 个、0.8 个百分点。

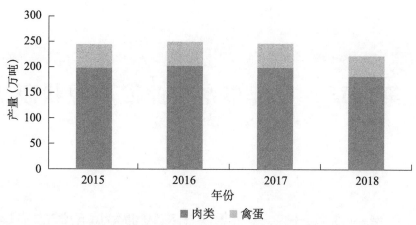

图1　重庆市"十三五"肉类禽蛋产量增长情况

二、传统畜牧业加快转型升级

"十三五"期间，重庆市畜牧业从传统畜牧业向现代畜牧业快速转换。一是规模化率稳步提高。从分散养殖、简易养殖发展到规范养殖生态养殖，散养农户和简易养殖场（户）快速退出，特别是近年生猪价格高位运行，社会资本的高速进入，扶持政策叠加利好，消费需求刚性增长，一大批现代化养殖场如雨后春笋般迅速崛起，畜牧业已进入散养退出、大企业全力扩张并加速转型升级的关键时期。2018年，重庆市畜禽养殖规模化率达到55%。合川区引导生猪散户退出，扩大规模养殖，全区生猪养殖规模化率达到70%。二是生猪养殖加快转型升级。重庆市生猪养殖模式从"十二五"末期的"重庆养猪3.0"转型升级到"重庆养猪5.0"。养猪场向立体发展，楼房养猪探索发展。"十三五"期间，全国第一个现代化AI种猪场、全市第一个现代养猪专业村在合川建成；西南地区单体最大的现代化种猪场在黔江建成。三是家禽养殖稳步转型升级。"十三五"期间，重庆市蛋鸡规模养殖"大起步"，单场存栏规划从100万只提升到300万只，鸡笼层数从5层达到8层，全市最大的蛋鸡标准化养殖场、现代化种鸡场在丰都建成。四是特色产业加速向集群化发展。荣昌猪成功创建为全国特色农产品优势区。

三、畜牧业经营方式积极转变

"十三五"期间，按照构建集约化、专业化、组织化、社会化相结合的新型农业经营体系和深化经营机制改革的要求,重庆市突出龙头企业、畜牧专业合作社、家庭农场和专业养殖大户、社会化服务组织等发展重点,大力培育新型农业经营主体,转变经营方式。一是绿色发展成效显著。"十三五"期间,重庆市深入开展畜禽养殖废弃物资源化利用工作,因地制宜推广粪污处理利用技术。全市成功探索"水泡粪生产有机肥""沼气工程生产固态液态有机肥""异位发酵床零排放生产有机肥""粪便垫料回用生产有机肥""固体粪便堆肥发酵生产有机肥+污水达标排放""固体粪便堆肥发酵生产有机肥+污水生产液态有机肥"等6种粪污处理技术模式,"养殖户+种殖户""养殖场+肥料厂+种殖户""养殖场+肥料厂+农业企业""养殖场+肥料厂+专业合作社"等4种有机肥利用方式,并得到有效推广。二是生产模式得到创新。德康集团、正大集团、温氏集团等大型养殖企业集团,成功发展"公司+家庭农场"经营模式,极大地提高了重庆市养猪生产水平。2019年,德康集团在万州区发展家庭农场1 000个,生猪饲养量达到200万头。海林猪业成功推广"公司+农户"移动猪舍扶贫养猪模式,在脱贫攻坚中发挥了显著作用。三是延长产业链。垫江清水湾鹅业从单一种业生产,拓展到商品肉鹅育肥、鹅肉加工,产业链条逐步延长。四是产业深度融合发展。武隆泰丰牧业以山羊养殖为基础,走一二三产业融合发展路子,深挖"羊文化",主打"休闲牌",成功创建全市第一家休闲观光牧场。五是扩大对外开放。重庆市在稳步开展肠衣等传统畜产品出口的同时,不断开发新的出口畜产品,开州钱江、武隆火炉铺等企业的猪肉、羊肉等一批特色畜产品走出国门;重庆市农投集团、恒都集团等企业加大猪肉、牛肉进口,满足市内消费需求。

四、畜牧业现代化水平大幅提升

"十三五"期间,重庆市以布局区域化、养殖规模化、品种良种化、生产标准化、经营产业化、管理信息化、产品品牌化、服务社会化为抓手,大力推进畜牧业现代化进程。一是现代化实现程度稳步提高。2018年,全市畜牧业现代化实现程度达到53%,比"十二五"末期的46%提高7个百分点。二是区域布局成效初显。重庆市初步形成武陵山区、秦巴山区草食牲畜产业带,南武彭优质中蜂产业带。三是信息化水平大幅提升。以"重庆畜牧云"、重庆生猪交易市场、德康集团与阿里巴巴共推智慧养猪为代表的畜牧业信息化成果,在全国引起轰动效应。四是社会化服务形式多样。"十三五"期间,重庆市成功探索并推广粪污处理第三方服务模式、病死畜禽无害化处理"四方联动模式"①、牧草生产全称机械化外包模式等多种社会化服务模式。五是品牌建设成绩斐然。"十三五"期间，重庆市大力抓好畜产品品牌培育，围绕"巴味渝珍"市级农业区域公用品牌，加快培育行业公用品牌、企业品牌，通过畜牧业协会组织开展品牌畜产品评定和推介。"十三五"期间，累计评定消费者最喜爱的畜禽产品 48 个；2018 年，市级名牌农产品中畜产品达到 180 多个。

第二节　"十三五"重庆市畜牧业存在的问题

"十三五"期间，尽管重庆市畜牧业发展取得了显著成效，但同时也存在不容忽视的问题。

一、畜牧业结构仍不合理

从外部结构看，2018 年畜牧业产值 520.05 亿元，占农林牧渔业总产值的 25.3％，比 2015 年下降了 5.9 个百分点，与重庆作为西部农业大市的地位不匹配，离"半壁河山"目标越来越远。从畜牧业内部结构看，品种结构、畜种结构、畜群结构、产品结构仍不合理，特别是能繁母畜比例偏低。2018 年，全市不同畜种能繁母畜比例分别是：肉牛 48.4％、奶牛 80.6％、生猪 9.3％、山羊 60.5％，其中：肉牛能繁母牛比例与 50％～70％的理想水平、能繁母猪比例与 10％～12％的理想水平还有较大差距。畜禽品种同质化严重，种畜禽企业长期处于低端市场，育繁推各环节脱节。畜产品加工业滞后，重庆市人均耕地面积少，畜产品质量不高，名、特、优产品数量不足。畜产品加工与沿海发达地区和发达国家比存在巨大差距，重庆市的加工比重较低，企业规模较小。在畜产品加工方面，还存在着加工深度不够、花色品种较少和优质高档品种比重低等问题。畜牧业生产与加工发展失衡，畜产品加工滞后。

二、种业体系仍不健全

一是畜禽品种的种质水平不高，缺乏竞争力。重庆市饲养的各个畜种的种畜禽种质水平整体不高，与全国平均水平及发达国家的差距很大。二

---

①　农业部门＋保险机构＋第三方专业机构＋养殖场户。

是畜禽良种的国外依赖过大，缺乏自主性，基本没有掌握核心种源。比如，祖代白羽肉鸡、高产种公牛及精液和胚胎、白羽肉鸭都是100%依赖进口。三是畜禽企业综合实力不强。重庆市畜禽企业整体实力弱，真正能带动一批基地、一个产业、一方经济的还不太多。四是缺乏投入机制。缺乏固定的投入经费和保种经费，远远不够畜禽种业发展。

三、科技创新能力仍然较弱，科技支撑能力不足

大部分高校及科研院所的研发重心在于大宗农产品，对畜产品生产、加工、流通领域科技支撑不够，企业研发能力普遍不强。优质品种研发、关键科技攻关、配套技术集成、高端产品开发等方面的科技创新能力不足。高素质科技和管理人才匮乏。科技成果转化服务体系不完善。

四、抗风险能力仍然不强

当前的畜牧业生产中，大中型的规模化养殖企业相对较少，一般的畜牧养殖企业规模较小，数量较少，养殖种类单一，产业影响力和经济带动能力较弱。部分大型畜牧业企业，在经营过程中，现代化经营管理理念缺失，仅仅是在数量上存在优势，没有科学合理的管理生产系统。畜牧业产业链较短，风险抵抗能力较差，特别是在面对H7N9禽流感病毒、非洲猪瘟等疫情的时候，抗风险能力仍然不足。

究其原因：一是认识不足。对畜牧业的理解有待提升，观点亟待更新。畜牧业是农业农村发展、农民增收的主要组成部分，但在实际生产和工作中，对畜牧产业化发展的理解不足，重视不够，工作不实，政策措施难以落实；农民观点依然落后，等、靠、要思想普遍存有，科技意识差，与建设现代畜牧业、产业化发展要求存有较大差别。二是投入不够。对良种繁育、动物防疫、畜种改良、新技术推广、信息化建设、质量安全监督等工作经费保障不足，畜牧业建设项目的地方配套资金不够、不到位，特别是基层畜牧兽医工作人员报酬低、工作量大、展开工作困难；对草地建设与保护投入不足，农作物秸秆开发与利用滞后，规模化发展与草料供给不足的矛盾突出；对规模养殖政策、资金的扶持有限；畜牧产业发展考核奖励机制不健全，基层机构人员不足、工作条件差、装备落后。

第三节　值得重视的畜牧业地位和作用

从"十三五"畜牧业发挥的功能和优异表现可见，畜牧业的"四个地位和作用"无可替代。

一、经济社会平稳健康发展的"稳定器"

畜牧业发展事关农村经济的"大盘子"，对决胜脱贫攻坚、同步全面小康具有重要意义。习近平总书记多次强调，任何时候都不能忽视农业、不能忘记农民、不能淡漠农村。农业是整个国民经济持续健康发展的基础，是经济社会的"压舱石"和"基本盘"。畜牧业作为农业的重要组成部分，占据了农业的"半壁江山"，是经济社会平稳健康发展的"稳定器"。以生猪为例，《国务院办公厅关于稳定生猪生产促进转型升级的意见》（国办发〔2019〕44号）明确指出：养猪业是关乎国计民生的重要产业，猪肉是我国大多数居民最主要的肉食品，发展生猪生产，对于保障人民群众生活、稳定物价、保持经济平稳运行和社会大局稳定具有重要意义。

二、实施乡村振兴战略的"发动机"

党的十九大首次提出乡村振兴战略，在乡村振兴战略20字总要求中，"产业兴旺"位居首位，是乡村振兴的源头根本。习近平总书记明确提出了乡村产业振兴、乡村人才振兴、乡村文化振兴、乡村生态振兴、乡村组织振兴"五大振兴"的科学论断。"仓廪实而知礼节"，产业振兴是"五个振兴"的基础，产业不兴难以留住人才，人们还在为基本生活需求发愁时，大谈文化和生态也只会应者寥寥，只有产业振兴了，才能夯实乡村振兴的经济基础。畜牧业作为我国农业农村经济的支柱产业，占大农业总产值的三分之一，而且肉蛋奶每天都要消费，畜牧业也是保供给的战略产业。同时，畜牧业还是重庆市农民增收的主要产业，在农民的现金收入中占比较高。因此，是实施乡村振兴战略的"发动机"，深化畜牧业供给侧结构性改革，大力发展现代畜牧业，是贯彻落实乡村振兴战略的重要举措。

三、现代农业可持续发展的"调和剂"

现代农业可持续发展注重发展生态保育型、环境友好型、资源节约型农业，以推进生态文明建设、确保粮食安全、增强农业发展后劲。农业可持续发展是走中国特色新型农业现代化道路的必然选择，发展农业循环经济是实现我国农业可持续发展的必经之路。《国务院办公厅关于加快转变农业发展方式的意见》（国办发〔2015〕59 号）明确提出：深入推进农业结构调整，促进种养业协调发展。特别强调：坚持把促进可持续发展作为重要内容，以资源环境承载能力为依据，优化农业生产力布局，加强农业环境突出问题治理，促进资源永续利用；统筹考虑种养规模和环境消纳能力，积极开展种养结合循环农业试点示范。开展种养结合循环经济发展，畜牧业是现代农业可持续发展的"调和剂"。在现代种养循环模式中，畜牧业在全产业链的地位至关重要，畜牧业可以将农产品转化为具有不同使用价值而且价值量更大的畜产品，将种植业生产的不具备直接使用价值的有机物和能量转化为畜牧产品，将种植业经过加工的废弃物转化，提升其价值，家畜将饲料有机物质的 40%～60%转化为畜产品，同时，60%的排泄物作为肥料供种植业使用，转化为农产品。

四、农产品质量安全的"催化剂"

农产品质量安全是全社会关注的"热点"问题，必须常抓不懈。农产品质量安全来源于农业的初级产品，即在农业活动中获得的植物、动物、微生物及其产品的可靠性、使用性和内在价值，包括在生产、贮存、流通和使用过程中形成、残存的营养、危害及外在特征因子，既有等级、规格、品质等特性要求，也有对人、环境的危害等级水平的要求。畜牧业在整个食物链中扮演了极其重要的"角色"，在畜产品生产中，饲料、兽药等投入品的绿色化，养殖环境的智能化控制，让畜产品越来越安全。2018 年，全市畜禽产品例行监测合格率 99.4%，比 2015 年提高1.5 个百分点。此外，畜牧业还能为种植业提供大量有机肥，替代部分化肥，有利于提高粮油、蔬菜、水果等农产品质量。据估计，养殖业对种植产品的质量贡献率在 45%以上，其余由土壤、小气候、水源、投入品等决定。

第四节　值得推广的经验与重视的教训

一、总结"十三五"畜牧业发展经验，"四大经验"值得推广

一是党政高度重视是畜牧业发展的动力。如万州区发展生猪产业，区委、区政府在深入考察调研的基础上，提出实施《有机农业产业发展项目》，以万州德康畜牧科技公司及家庭养殖场为载体，举全区之力，发展生猪 100万头，着力打造绿色生猪养殖大区。区委、区政府将实施《有机农业产业发展项目》作为农业农村的中心工作，由市委常委、万州区委书记亲自设计，由区长主抓，强力推进，并出台了《万州区鼓励村级集体经济组织发展有机农业产业化建设项目扶持办法》（万州区委乡振组〔2018〕1号）等多个有关生猪产业发展政策文件和会议纪要，向各乡镇、街道下达了工作任务。各相关部门全力配合，各乡镇、街道围绕生猪产业发展工作，集中全力，加速推进，有力地推动了万州区生猪产业发展。

二是扶持"事业型"龙头企业是畜牧业发展的抓手。从发展历程来看，在畜牧业传统小散时代，农民是主体；而现代养殖时代（工业化、机械化、自动化、集团化），资本成为主体。德康集团、温氏集团、正大集团等龙头企业，凭借其技术、资金、管理优势，在恢复生猪生产，稳定市场供应方面，发挥了显著作用。德青源、合川万源禽业、梁平燎原禽业等家禽企业，为全市蛋鸡产业发展、确保鸡蛋市场稳定起到了"压舱石"的作用。

三是走三产融合路子是畜牧业发展的方向。如以黑山羊养殖为主导的重庆泰丰畜禽养殖有限公司，建成了武隆云牧花田，立足资源优势，以优质山羊产业和特色水果产业为依托，走一二三产业融合路子，打造成为集避暑、科普、观光、健身、美食、休闲于一体的乡村休闲旅游精品，重庆休闲牧业示范样板。该公司本着"自然生态、多产融合、绿色循环、持续发展"的经营理念，以生态农业为轴心，把山羊养殖、水果种植、餐饮住宿、休闲娱乐、旅游会议、农事体验、林牧资源利用等产业构建成为相互依存、相互转化、互为资源的循环系统。

四是发挥行业协会的作用是畜牧业发展的依托。重庆市畜牧业协会、武隆区养猪协会、潼南生猪产业协会等畜牧行业协会在重庆市畜牧业发展的过程中有不可替代的作用。例如，重庆市畜牧业协会坚持围绕"服务会

员、服务政府、服务行业、服务社会"的宗旨，以服务全市畜牧行业发展为己任，不断克服困难，团结拼搏，排除不利因素，为促进重庆市畜牧业可持续发展发挥了积极作用。坚持问题导向，着力解决行业热点与难点问题，积极科学应对非洲猪瘟疫情，围绕全市"三农"工作重点和行业"热点"问题组织开展调查研究，为政府决策提供智力参考，为会员解决困难提供智力帮助，为行业发展提供智力辅助。践行品牌强牧战略，深入推进品牌培育工作，将品牌培育作为服务会员，推动产业发展的切入点，连续开展两届消费者最喜爱的畜禽产品品牌评定；发挥会展的积极作用，共举办了三届中国中西部畜牧业博览会暨畜牧产品交易会，取得了较好的行业反响；开展鲁渝扶贫协作，推进扶贫事业发展，推动乡村振兴战略。

二、总结"十三五"畜牧业发展教训，"四大教训"必须铭记

一是环保"一刀切"。"十三五"时期，一些部门权力任性，打着治理畜禽粪污的旗号，大搞"一刀切"，大批合法合规的养殖场被迫关停，致使生猪等饲养量"断崖式"下跌，带来了严重的社会问题，造成了严重的后果。由于自媒体时代舆论宣传环境和部分媒体不科学甚至错误的舆论导向，形成了只重视粪污整治轻视畜牧产业发展、对养殖业极为不利的局面。目前的舆论氛围，一味强调甚至夸大渲染畜禽粪便的污染，而忽略甚至损毁畜禽粪便作为有机肥资源的重要意义。一些乡镇提出打造"无猪乡""无猪镇"，一些基层干部公开宣称"本地不欢迎养殖业项目"。

二是禁养区"扩大化"。"十三五"时期，由于一些部门个别人"高级黑"，以环境保护之名，行打压养殖业之实，随心所欲扩大禁养区，异想天开设置限养区，极度压缩养殖区，造成可养殖空间越来越小，以至于新建养殖场比登天还难，扩大生猪产能难于落地。永川、大足、璧山等部分区县政府领导片面理解环保政策，擅自扩大畜禽养殖禁养区，永川区甚至提出"全域禁养"的口号，璧山区作出了"扫荡式"关闭养殖场的荒唐决定。部分地方领导和干部缺乏科学认识，片面认为畜牧业就是污染产业，抱着"养殖越少越好，没有养殖最好"的错误思想，指导现代农业发展，而且还想当然地试图建设没有畜牧业的所谓"生态循环农业"。江津区朱洋镇重庆麦藤农业发展有限公司，建有1个万头养猪场，配套建成2 000亩（1亩≈667平方米；15亩＝1公顷。全书同）红心猕猴桃基地、800亩茶叶基地、500亩蔬菜基地，按照"猪沼果（茶、菜）"循环农业模式，走种养结合路子，对当地经济、社会、生态发展都带来良好效益，但由于其处于石笋山

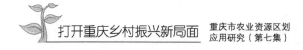

风景区缓冲区内，被划为禁养区。

三是品种培育急功近利。从重庆直辖到"十三五"，重庆市种业发展在艰难中前行，有关研究机构在品种培育方面投入大量的人力、物力和财力，也"育成"了一些新品种（品系），但因违背育种系统工程原则，甚至急功近利，出现育种科研成果多、应用成果少的窘况。从新品种的经济价值看，除大足黑山羊外，其余品种基本上是"昙花一现"，特别是生猪新品种、品系。此外，地方品种的提纯复壮效果不尽人意，如西州乌羊，已经进行了8年选育，但种羊群体既无规模扩大，也无个体的提升。

四是未建立"非事业型"龙头企业退出机制。从重庆直辖到"十三五"，重庆市一些养殖类企业逐步发展壮大，成为国家级农业产业化龙头企业，对行业发展产生了较大的带动作用。但由于种种原因，一些企业要么徒有虚名、要么"占到茅坑不拉屎"，不但没有起到带动作用，甚至产生严重的负面影响，有的企业甚至蜕变成为"损业型"企业，如雨润集团在荣昌、黔江的表现，不仅严重损害当地生猪产业发展，而且产生了极其严重的负面影响。遗憾的是，对于这种"损业型"龙头企业，重庆市尚未建立退出机制。

第二章 "十四五"重庆市畜牧业发展面临的环境研判

 第一节 "十四五"重庆市畜牧业发展面临的机遇

"十四五"期间,重庆市畜牧业发展定当迎来利好机遇。

一、乡村振兴战略持续加力

党的十九大报告中对乡村振兴战略进行了全面部署,实施乡村振兴战略,是关系6.7亿农民建成小康社会的重大举措,是发展农村经济,增加农民收入,缩小城乡差别,实现全体人民共同富裕的必然要求。"产业兴旺、生态宜居、乡风文明、治理有效、生活富裕"的乡村振兴20字总要求,"产业兴旺"排在第一位。"十四五"期间,我国将全面实施乡村振兴战略。中央高度重视乡村振兴和城乡融合发展,大力推动"五大振兴"。

二、政策叠加效应持续发酵

党中央、国务院高度重视畜牧业发展,法律法规体系不断健全,扶持政策不断完善,强农惠农力度持续加大,宏观调控手段更加灵活,为现代畜牧业发展创造了良好环境。"十四五"期间,全市将按照"一区两群"①协调发展格局,着力实施城乡统筹发展,以实施乡村振兴战略行动计划为抓手,以"优供给、强安全、保生态"的目标,加快转变生产方式,构建新型种养关系,持续提升畜禽生产力、资源利用率等方面带来诸多政策,

---

① 重庆主城区都市区,渝东北三峡库区城镇群,渝东南武陵山区城镇群。

必将为重庆市现代畜牧业可持续发展带来良好机遇。

三、农业对外合作力度加大

扩大农业对外开放，是积极主动参与经济全球化、顺应世界经济发展趋势的需要，是深化国际经济合作的需要，是促进经济结构战略性调整的需要，是实现农业可持续发展的需要，重庆市委市政府高度重视并不断强化农业对外合作。2016 年，习近平总书记视察重庆时指出，"一带一路"建设为重庆提供了"走出去"的更大平台，重庆发展潜力巨大、前景光明。2016 年初，中新重庆战略性互联互通示范项目揭牌。经济全球化的发展要求现代畜牧业发展必须放眼全球。"渝新欧"国际班列的开通以及重庆市毗邻东南亚的地理优势，是推进重庆市现代畜牧业实施"走出去"战略的有利因素。要充分利用重庆市交通地理优势，加快推进现代畜牧业实施国际化发展，发挥现代畜牧业在推进共建"一带一路"中的带动作用。

四、食物消费需求保持旺盛态势

随着经济快速发展、人口持续增加和城镇化步伐的加快，对畜产品的需求总量不断增长，食物消费需求保持旺盛态势。2018 年，中国人均 GDP 9 768 美元，达到世界银行划分的上中等收入经济体水平。"十四五"末，按照 6% 左右增长，中国人均 GDP 将会进入世界银行划分的高收入经济体 12 000 多美元的门槛，跨过"中等收入陷阱"，从中等收入经济体晋级为高收入经济体。"十四五"我国进入工业化后期，由"制造大国"进入"消费大国"，消费需求激增。随着消费观念的转变，对畜产品质量的要求也越来越高，对食品安全也越来越重视。人口增长、消费需求将对新一轮畜牧产业升级产生积极的拉动作用。目前，我国每天消耗 2.3 亿千克肉、8 000 万千克禽蛋、1 亿千克牛奶，仅重庆而言，全市每天吃掉 4 万头猪（3 000 吨猪肉）左右。

第二节　"十四五"重庆市畜牧业发展
不可避免的挑战

"十四五"期间，重庆市畜牧业发展必将迎接新的挑战。

一、畜牧业转型升级动能不足

当前重庆市畜牧业发展仍存在与经济社会发展要求不相适应的结构性问题，畜牧业产业结构转型升级滞后，发展面临的不确定性因素有增无减，亟须通过供给侧结构性改革推动转型升级。"十四五"期间，畜牧业发展必须实现从劳动密集型的数量型增长向资本和创新密集型的质量和效率型增长转变，而推动畜牧业供给侧结构性改革的主要策略是实现畜牧业集约化、规模化、高效化、标准化和生态化发展。但是，重庆市畜牧业仍将面临新旧动能转换乏力的局面。例如，畜牧业保险，只有扩大保险承保面、承保率，才能降低养殖风险，推动畜牧业新旧动能转换，但推进不理想，保险模式以分散的各自为政的模式为主，共保体模式还没有形成。"十四五"期间，城市化进程将放缓，或者出现逆城市化。2018 年，重庆市常住人口城镇化率为 65.5%，按照城市化发展规律，城市化率达到 70% 左右时就会稳定下来，并出现城市人口流向农村的逆城市化现象，目前距这一节点还有 4.5 个百分点。2018 年，我国 60 岁以上人口达到 2.5 亿人，占总人口的 17.9%，其中 65 岁以上占 11.9%，进入了老龄化社会。"十四五"期间，大量老年人返回农村，从事传统养殖将成为首选。

二、持续面对"两大风险"

疫病风险、市场风险依然是要面对的两大风险。重大疫病风险例如口蹄疫、高致病性禽流感、非洲猪瘟等，都能给畜牧产业造成重大损失，甚至造成毁灭性打击。一般疫病虽然没有重大疫病造成的危害大，但给畜牧业发展带来不少的困惑和问题。如大肠杆菌病是极为常见多发的动物疫病，每个养殖场可以说都曾经或正在发生的疫病，发病率高达 70% 以上，虽然死亡率相对较低，但依旧会给养殖场带来或多或少的损失。农业的市场风险也较为残酷，这是由农产品的一些特殊属性决定的，市场行情的波动对养殖产业的影响也不容忽视。

三、继续应对公众对畜牧业的偏见造成的不利影响

由于社会公众对畜牧业了解程度不够，加上有时舆论传播的错误信息，致使畜牧业在谣言中、敌视中艰难前行成为常态，如"养猪就是污染""只想吃肉不想养猪""自己养不如别人养"等错误认识在部分领导和市民头脑中根深蒂固。

四、机构改革职能调整不到位

机构改革使畜牧部门职能弱化，体系断线，工作脱节。区县农业农村委"兼并"畜牧局后，行政管理跟不上，造成工作拖沓。乡镇畜牧兽医机构改革下放以后，普遍合并到农业服务中心，畜牧兽医专业技术人员被调用、借用或因其他原因主动申请调离频发，实际从业人员骤减，出现"一人站""无人站""二人转"现象，导致畜牧工作开展十分困难。

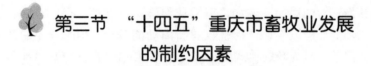

第三节　"十四五"重庆市畜牧业发展的制约因素

"十四五"期间，重庆市畜牧业发展面临资源约束的挑战。

一、用地制约

现代畜牧业发展对土地的依赖，超出现有法律对土地性质的界定。现代畜牧业开始由传统散养型逐步向现代化集约型发展，对土地的依赖程度越来越大。国家对基本农田的保护，等于直接否定了其成为畜牧用地的可能。以土地为承载的养殖业环境容量问题也日益突出，目前随着环境约束性因素的不断增强，禁养区、限养区的划定也成为突出的土地问题。《国务院办公厅关于稳定生猪生产促进转型升级的意见》（国办发〔2019〕44号）指出要保障生猪养殖用地。但《自然资源部办公厅关于保障生猪养殖用地有关问题的通知》（自然资电发〔2019〕39号）仍然坚持"在不占用永久基本农田的前提下，合理安排生猪养殖用地空间，允许生猪养殖用地使用一般耕地，作为养殖用途不需耕地占补平衡。"只要用地"不开口"，养殖业永远就会在夹缝中求生存。

二、环保制约

根据中央和重庆市委市政府的要求，推进畜禽养殖废弃物资源化利用，加强农业农村生态环保工作是当前及今后一个时期农业农村工作的重要任务。过去抓农业，更多的是抓产业，现在必须把实现农业保供给的功能与注重农业环保功能有机结合。既要抓产业保供给，又要保生态。抓生态更重要的是抓农村污染治理，其中最重要的是抓好畜禽养殖废弃物资源化利用。《国务院办公厅关于稳定生猪生产促进转型升级的意见》（国办发〔2019〕44号）指出：严格依法依规科学划定禁养区，除饮用水水源保护区、风景名胜区、自然保护区的核心区和缓冲区、城镇居民区、文化教育科学研究区等人口集中区域以及法律法规规定的其他禁止养殖区域之外，不得超范围划定禁养区。但是，由于风景名胜区、自然保护区划定的不科学性，决定了后期政策的不科学，极大限制了养殖范围，如彭水县幅员面积的50％均为禁养区，成为政策不当的例子。

三、林牧矛盾

过度自由放牧对草原的破坏是毁灭性的，常年累月的啃食、践踏使草原不能自我修复，加剧山区水土流失，影响生态环境。放牧对未成林造林地的破坏也是毁灭性的，阻碍林业发展，过度放牧造成的危害也会影响到生态的自我修复。近年来，重庆市退耕还林取得显著成效。但同时林业部门在管理上跟不上时代节拍，"无树为林"现象比比皆是；林业部门与国土部门的卫星图"两张皮"，额外加剧养殖用地制约。

四、投入不足

近些年来，随着强农惠农政策的实施，畜牧业呈现出加快发展势头，畜牧业生产方式发生积极转变，规模化、标准化、产业化和区域化步伐加快。当前，重庆市畜牧业发展特别是畜产品质量安全监管仍面临着严峻形势，任务艰巨。存在着畜牧业投入不足、畜牧业生产和畜产品加工有隐患、影响畜产品质量安全的不确定性因素依然存在、饲养环境和生产条件相对落后、重大动物疫病形势严峻等问题。由于财政部门不重视畜牧业发展，加上财力不足，重庆市畜牧业发展将长期处于投入不足状况。例如，在恢复生猪生产中，四川省、山东省等财政支持力度远远大于重庆市。

第三章 "十四五"重庆市畜牧业发展总体思路探析

第一节 指导思想

以习近平新时代中国特色社会主义思想为指导，全面贯彻习近平总书记对重庆提出的"两点"定位、"两地""两高"目标、发挥"三个作用"和营造良好政治生态的重要指示要求，牢固树立和贯彻落实创新、协调、绿色、开放、共享的发展理念，聚焦新时期乡村振兴战略新任务、新要求，以"保供给助稳定、保安全促增收"为目标，以畜牧业产业化龙头企业为引领，以强化生物安全为抓手，以科技创新为动力，以"公司＋家庭农场""公司＋合作社＋农户"为主要模式，大力恢复发展生猪，因地制宜发展牛羊兔，灵活发展家禽，见缝插针发展蜜蜂，健全产业链条，优化畜牧业结构，推动"一区两群"生态畜牧业协调发展，实现畜牧业可持续发展。

第二节 基本原则

"十四五"时期，重庆市畜牧业发展坚持"六个原则"。

一、坚持主体地位原则

畜牧业是现代农业的重要组成部分，是实现乡村产业振兴的重要抓手和突破口，是重庆市现代农业体系中不可或缺的重点产业。大力发展现代畜牧业对促进农业结构优化升级、增加农民收入、改善人们膳食结构、提高国民体质、促进乡村振兴具有重要意义。

二、坚持生态友好原则

按照"有增有减"、养殖排泄物与消纳平衡和"种养结合、生态养殖、以地定畜"的产业发展思路，合理制定发展目标，加强源头管理，落实污染治理，实行达标排放，构建粮饲兼顾、农牧结合、循环发展格局，实现畜牧业发展与生态环境建设"双赢"目标。

三、坚持市场导向原则

顺应市场变化，优化产业结构，使畜产品的数量、质量、结构比例更趋合理。解决千家万户小生产和千变万化大市场的矛盾，把生产和市场连接起来，引导规模化、标准化、专业化生产，促进适销对路优势畜产品产量的增长和品质的提升。

四、坚持改革创新原则

以推进适度规模养殖和产业化、集约化经营，发展壮大新型农业经营主体为切入点，变革传统畜牧业经营组织体制，培育新型畜牧业产业组织形式，提高农民组织化程度，建立新型农业机制与体制，集聚先进农业产业要素，释放和形成新的生产力。

五、坚持科技兴牧原则

增强畜牧业科技创新能力、典型示范能力和科技服务与应用能力，用科技支撑现代畜牧业发展，完善畜牧业技术推广服务体系，建立一支高技术、重实用的畜牧科技人才队伍，加强畜禽新品种及新技术培育、引进、示范和推广，提高畜牧业科技含量。

六、坚持功能拓展原则

拓展畜牧业生产、生态、观光、旅游、休闲、教育功能，强化服务城市功能，注重走生产、经济、生态、社会各项功能兼顾的复合型模式，优化畜牧业生产功能，提升畜牧业经济功能，拓展畜牧业的生态、社会和文化功能。

第三节　主要任务

"十四五"时期，重庆市畜牧业发展的"五大任务"。

一、促进畜牧业转型升级

发挥市场在资源配置中的决定性作用，以保障主要畜产品市场供给为目标，转变发展方式，促进转型升级，构建生产高效、资源节约、环境友好、布局合理、产销协调的畜牧业高质量发展新格局。

二、健全畜牧业良繁体系

巩固畜禽良种基础，提高种畜禽生产能力，建立与畜牧业发展相适应的种畜禽生产经营体系；实行计划引种，保障种源质量；实施畜禽品种改良，加强引进畜禽品种的选育和培育，建立优良种畜禽繁育基地；扶持种畜禽场建设，重点扶持原种场、保种场、祖代以上种畜禽场和扩繁场建设，提高种畜禽繁育质量和规模；建设一批人工授精站，提高猪、牛、羊、兔等人工授精水平。

三、培育畜牧业优势主体

发展专业大户，培养高素质农民，推进畜牧生产经营职业化；发展家庭牧场，培养农村实用人才和致富带头人，推进畜牧生产经营专业化；发展畜牧专业合作社，增强专业合作社自我发展能力和组织带动能力，推进畜牧生产经营合作化；培育壮大龙头企业，打造集养殖、加工、物流一体化的畜牧产业集群，推进畜牧生产经营产业化；健全完善服务组织，引导龙头企业、专业合作社、农民经纪人和各类营销组织参与畜产品流通，提供产品服务，推进畜牧生产经营社会化。

四、夯实畜牧业支撑体系

完善区县、镇乡畜牧支撑体系建设，为现代畜牧业发展提供队伍和人员支撑；加强技术引进、研发和转化推广，为现代畜牧业发展提供科技支撑；搞好畜产品质量的监督监测、资源保护、动物防疫检疫、信息服务、科技培训、政策法规等服务，为现代畜牧业规范发展提供保障支撑；建设和完善市场流通体系，为现代畜牧业发展提供产品交易支撑。

五、完善畜牧业保护体系

建立健全动物疫情监测预警体系、动物疫病预防控制体系、动物防疫检疫监督体系、动物防疫物资保障体系、动物防疫技术支撑体系、畜产品质量监察和兽药残留监控体系，提升疫情监测预警能力、突发疫情应急管理能力、动物疫病强制免疫能力、动物卫生监督执法能力、动物疫病防治信息化能力、动物疫病防治社会化服务能力，为现代畜牧业发展保驾护航。

第四节 发展定位

"十四五"时期，重庆市畜牧业发展的"四个定位"。

一、中国畜牧业绿色发展示范区

近年来，重庆市畜牧业发展始终坚持标准化原则，统筹抓好畜牧产业发展、畜禽养殖废弃物资源化利用、畜产品质量安全管理、重大动物疫病防控等工作，初步构建了生态畜牧业发展新格局。"十四五"期间，乘势而为，创建全国畜牧业绿色发展示范省市。

二、中国生猪产销基本平衡区

历史上重庆是养猪大市，产大于销。但随着城镇化进程的加快，畜牧业有所弱化，从生猪调出市变为生猪调入市。"十四五"期间，从顾大局、保稳定的角度出发，只要采取行政干预和政策扶持，把重庆打造成生猪产销基本平衡区，猪肉供给基本实现自平衡，既是政治考量，也有现实意义。

三、中国优质畜产品主产区

重庆具有生产优质畜产品得天独厚的条件，特别是三峡库区、秦巴山区、武陵山区，生态环境优良，是国内自然生境最好区域之一。"十四五"期间，可创建全国优质畜产品生产示范区，重点把优质蜂蜜、优质土鸡、优质牛羊兔等产品进行商业化开发和推广。

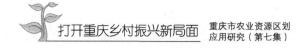

四、中国智慧养殖引领市

"十三五"时期，重庆市畜牧业信息化走在全国前列，在合川建成了全国第一个现代化智慧种猪场，一大批养殖场启用智能控制设备。"十四五"期间，可明确提出创建全国智慧养殖示范市（省）。

第五节　发展目标

到 2025 年，形成和固化种养结合、健康养殖、生态高效、资源循环、协调发展的新型现代畜牧业体系，区域布局更加科学，产业结构更加合理，产品质量更加安全，发展机制更加灵活，助农增收更加显著，确保主要畜产品有效供给，基本实现畜牧业现代化。

到 2025 年，全市生猪、肉牛、山羊、家禽、肉兔出栏分别达到 1 800 万头、70 万头、500 万只、3 亿只，肉类、禽蛋总产量分别达到 200 万吨、50 万吨。

到 2025 年，畜禽养殖规模化率达到 70％以上，猪肉自给率达到 95％，大型规模养殖场粪污处理设施装备配套率 100％，畜禽养殖废弃物资源化利用率达到 98％。

第四章　政策建议

第一节　科学编制"十四五"畜牧业发展规划

《重庆市畜牧业发展"十四五"规划（2021—2025年)》是"1＋N"市级农业农村现代化"十四五"规划体系的有机组成部分，《重庆市农业农村现代化"十四五"规划（2021—2025年)》的重点行业专项规划之一。要着眼未来5年畜牧业承担的保供增收的主要任务，科学确定现代畜牧业产业体系、发展目标、重点工程、关键项目和保障措施，切实增强规划的科学性、前瞻性和可操作性。

第二节　强化对现代畜牧业发展的组织领导

一是建立领导小组。成立由市领导牵头，市委组织部、市级相关部门主要领导参加的"重庆市现代畜牧业发展领导小组"。组织部门选拔干部，可优先考虑敢于发展畜牧业的领导。二是实行"猪长制"。鉴于猪肉保供压力较大，恢复生猪生产阻力巨大，可借鉴"河长制""林长制""云长制"的做法，实行"猪长制"，以强化生猪产业发展，确保猪肉产能恢复，稳定社会。三是建立猪肉消费指标财政采购制度。建立"重庆市猪肉消费基金"，实行"畜票"交易，专项用于补助生猪生产。由市农业农村委统筹各区县生猪生产和消费指标，把猪肉生产与猪肉消费总量挂钩，以生产量、消费量平衡者为基础，划分为猪肉产消正平衡区县（产大于消)、自平衡区县（产消平衡)、负平衡区县（产小于消）等3类，凡是负平衡区县，由区县财政安排专项资金采购猪肉指标，进入"重庆市猪肉消费基金"库，全部补贴正平衡区县，实行区县之间生猪指标采购。四是像抓工业那样抓畜牧业。市级相关部门和各区县，要高度重视畜牧业在保供增收中的重要地位和作用，像大抓特抓工业那样，抓好畜牧业的稳定发展。

第三节　营造畜牧业发展良好氛围

一是正确认识畜牧业。畜牧业是现代农业的重要组成部分，是农业农村绿色发展必不可少的重要一环，也是维持社会稳定的"压舱石"，一旦畜牧业遭到破坏，种植业的可持续发展必将成为空话，对那些打造"无猪县""无猪镇"的领导，实行强制性观念引导，坚决纠正"只想吃肉、不想养猪"的错误。二是正确引导社会舆论。畜牧业发展有利于社会稳定和进步，有利于农业农村绿色发展和生态建设，有利于生态产业链的构建，切忌"妖魔化"宣传畜牧业，特别是把畜禽粪便当成污染而不当成优质有机肥资源。三是严厉打击谣言伤农。在自媒体高度发达的时代，谣言对农业、畜牧业伤害，成为现代农业、现代畜牧业发展的"死结"，有关部门要下重拳打击，以确保产业发展环境。四是清除畜牧业发展障碍。各级各部门支持畜牧业，特别是环保、国土、林业等部门，要站在政治高度支持畜牧业发展，绝不能站在畜牧业的对立面来打击养殖，在养殖场建设方面给予合情合理的扶持和支持。五是清理并修改制约性法律法规。有些法律法规在现今已不完全适合，严重影响畜牧业发展。以自然保护区法律为例，因自然保护区的划定不完全科学，但仍然受法律保护。彭水县因自然保护区划定过大，全县 50% 的幅员面积划为禁养区，极不利于脱贫攻坚产业发展。特别是缓冲区不能搞养殖业，已经严重不适应农业农村实际和乡村振兴的需要。六是加强畜牧业保险。有关保险机构要真心实意支持畜牧业发展，把生猪、山羊、家禽、肉牛等主要畜禽纳入保险范畴，以增添养殖场户信心和抗风险能力。

第四节　增加畜牧业发展投入

一是形成稳定的财政投入机制。各级财政要建立畜牧业发展基金，专门用于支持畜牧业抗击疫病风险、市场风险，支持畜牧业种业体系、标准化养殖、品牌创建、产品加工等。二是引导社会资本投入畜牧业。要保持政策的稳定，防止环保"一刀切"等类似问题的出现，让社会资本投入者吃上"放心丸"。三是广开融资渠道。各金融机构要增加养殖业融资门路，探索开展活体动物抵押。农担公司要切实履行支农义务。

 ## 第五节　支持畜牧科技创新

一是畜禽种业。种业是现代畜牧业发展的基础，要贯彻落实党中央、国务院关于种业发展的精神，探讨畜禽种业科技创新思路和措施，着力提升畜禽种业自主创新能力和市场竞争力，加强畜禽遗传资源保护，夯实种业发展基础，推进畜禽良种联合攻关，提高自主创新能力，强化种业市场质量监管，维护发展良好环境。二是智慧养殖。智慧养殖不仅能促进畜牧行业进步，还能让养殖行业在市场竞争中处于优势地位。要借助 AI 人工智能、物联网技术将畜禽舍内的环境控制系统、智能饲喂系统、能源利用系统、粪污处理系统等多个管理系统连接起来，进行全方位信息收集和数据化管理，以进一步进行精细化管理和科学的决策，提高生产效率和经济效益。三是产品加工。农产品加工业是国民经济基础性和保障民生的重要支柱产业，深化畜产品加工科技创新，延伸农业产业链条，促进农村一二三产业融合发展，提高畜产附加值和竞争力，可以提高畜产品附加值，延长产业链条，提供劳动就业岗位，增加收入。要依托龙头企业，开展畜产品精深加工产品研发，安排财政资金给予扶持，对吸纳就业、税收贡献、收购本市农产品带动农户增收等成效突出的本地畜产品加工企业予以奖补。四是新型投入品研发推广。鼓励企业开展新型饲料添加剂、抗生素替代品、绿色饲料、绿色兽药等投入品研发，提高畜产品质量安全水平。五是提升生物安全防护体系。生物安全防护体系是决定畜牧业成败的关键，特别是在非洲猪瘟等高致病性病毒流行的情况下尤为重要。要鼓励养殖企业在建立高级别生物安全防护体系方面开展科技创新，如养猪场建立"3+5"高级别生物安全防护体系。六是品牌建设。世界农业强国都是品牌强国。品牌强农业才能强，一个国家、一个地区，如果没有一大批竞争力强的农业品牌，那么，农业相对弱势的格局则不可能改变。农业品牌贯穿农业供给体系全过程，覆盖农业全产业链、全价值链，是农业综合竞争力的显著标志。品牌的力量是无穷的，有品牌，赢未来。要鼓励企业走品牌之路，开展品牌策划、包装盒推介。

第四篇
重庆市千亿级生猪产业链
建设调研报告①

---

① 研究专家：王震、何道领、韦艺媛、张璐璐；结题时间：2021年11月。

重庆市是中央确定的生猪产销平衡区，历来是我国生猪生产优势产区。直辖市的体制、中等省的构架，大城市、大农村、大山区、大库区的基本市情也决定了重庆市以生猪生产为主导的现代畜牧业发展的主导地位。发展生猪生产，对于保障人民群众生活、稳定物价、保持经济平稳运行和社会大局稳定具有重要意义。当前，由于受资源环境、非洲猪瘟疫情防控、猪周期等因素影响，产业结构调整、资源整合、高质量发展正面临重要战略机遇期。针对新形势、新要求，市畜牧总站组建专项课题组，通过问卷调查、现场调研和座谈交流等方式深入区县、乡镇和养殖场户开展调研，形成如下报告。

第一章　环境条件

"猪粮安天下"。畜牧业是关系国计民生的保供产业，生猪产业是畜牧业重要的组成部分，猪肉是百姓"菜篮子"的重要品种。重庆市畜牧业以养猪为主，生猪无论产值、饲养量或猪肉产量在畜牧业中占绝对优势，已经成为农业农村经济发展的重要支柱产业和农民增收的重要来源。重庆市生猪产业着力推进产业规模化、标准化、产业化和信息化，加快转变生产方式，强化质量安全监管，保护和改善生态环境，促进生猪产业持续健康发展，有力地保障了生猪及猪肉产品的市场供应。

 第一节　发展成效

一、良种繁育体系建立

拥有丰富的地方猪遗传资源（表1），荣昌猪等5个地方猪遗传资源通过了国家工商行政管理总局的地理标志商标注册，其中荣昌猪是世界八大、中国三大优良地方猪种，品牌价值达27.7亿元；建成了国家级生猪核心育种场2个、部级种猪性能测定站1个，市级地方猪遗传资源保种场5个，外种猪原种场4个、祖代种猪场20个，种公猪站2个；建成了农业农村部种猪质量监督检验测试中心（重庆）1个、区域性国家级畜禽遗传资源保护基因库1个，正在建设国家生猪测定站；形成了以原种场、资源场为核心，以祖代扩繁场、父母代场为补充，以质量检测中心、技术支撑机构为保障，以政府部门为监管的种畜禽生产、技术支撑、监督管理"系统三合一模式"的现代种猪良种繁育体系（表2）。

表1　重庆市畜禽遗传资源名录

类型	序号	品种名称
地方遗传资源	1	荣昌猪
	2	盆周山地猪
	3	合川黑猪
	4	罗盘山猪
	5	渠溪猪
培育遗传资源	1	渝太I系猪品系
	2	渝荣I号猪配套系
引入畜禽遗传资源	1	长白猪
	2	大白猪
	3	杜洛克猪
	4	PIC配套系猪

表2　重庆市市级种畜禽生产经营许可证颁证表（生猪）

编号	区县	场名（公司）
（一）外种猪原种场（4个）		
1	黔江	重庆市六九畜牧科技股份有限公司
2	涪陵	重庆南方金山谷农牧有限公司
3	荣昌	重庆市种猪场
4	合川	重庆市合川区德康生猪养殖有限公司
（二）地方猪资源场（5个）		
1	潼南	重庆市荣大种猪发展有限公司原种猪场
2	涪陵	重庆海林生猪发展有限公司（重庆市盆周山地猪遗传资源保种场）
3	合川	重庆市翰榆农业有限公司（重庆市合川黑猪资源保护场）
4	荣昌	重庆琪泰佳牧畜禽养殖有限公司
5	丰都	丰都县金鼎养殖专业合作社
（三）祖代种猪场（20个）		
1	合川	重庆大正畜牧科技有限公司
2	合川	重庆农殿山农业科技发展有限公司
3	永川	重庆正大农牧食品有限公司
4	云阳	重庆市奎博农业发展有限公司
5	江津	重庆畅驰农业发展有限公司
6	江津	重庆卓财畜禽养殖有限公司
7	酉阳	重庆南方菁华农牧有限公司楠木菁种猪场
8	酉阳	重庆南方菁华农牧有限公司泔溪种猪场
9	长寿	重庆市长寿区长太生猪养殖有限公司
10	长寿	重庆和圆农业发展有限公司

续表

编号	区县	场名（公司）
11	潼南	潼南温氏畜牧有限公司崇龛种猪场
12	大足	重庆腾达牧业有限公司（大足石马祖代种猪场）
13	丰都	重庆利丰农业开发有限公司
14	丰都	重庆市丰都县万源生态农业开发有限公司
15	丰都	重庆财莱鸿农业开发有限公司
16	南川	重庆青一银升生态农业有限公司种猪场
17	城口	城口县大巴山绿野食品有限公司
18	忠县	重庆威旺食品开发有限公司
19	开州	重庆永安畜牧开发有限公司
20	垫江	垫江九牧养殖有限责任公司
（四）种公猪站（2个）		
1	黔江	重庆市天豚种公猪站
2	丰都	丰都县金鼎养殖专业合作社

二、产业转型升级加快

分散简易养殖发展到规范生态养殖，一大批现代生猪养殖场如雨后春笋般迅速崛起，已进入散养退出、大企业全力扩张并加速转型升级的关键时期。生产基地区域化、规模化、专业化、标准化格局基本形成，种、养、加、销产业化经营格局和利益连接机制更加成熟。德康、正大、温氏等大型生猪养殖企业，通过"公司＋家庭农场"等模式发展生猪，极大提高重庆市养猪生产水平。全国第一个现代化 AI 种猪场、全市第一个现代养猪专业村在合川区建成，西南地区单体最大的现代化种猪场在黔江区建成；荣昌猪成功创建为全国特色农产品优势区，荣昌猪产业集群获批；以重庆生猪交易市场、德康集团与阿里巴巴共推智慧养猪为代表的信息化成果，在全国引起轰动效应。2019 年，全市出栏猪 1 480.42 万头（表3），存栏猪、能繁母猪分别为 921.62 万头、88.17 万头；猪肉产量 112.07 万吨；猪业产值363.05 亿元，占畜牧业产值的 53.43%、占农林牧渔业总产值的 15.53%；畜禽产品例行监测合格率 99.74%，有力确保了产品质量安全。

表3　2017—2019 年重庆市生猪生产情况

指标	2017 年	2018 年	2019 年
生猪存栏（万头）	1 191.61	1 167.19	921.62
能繁母猪存栏（万头）	117.03	113.77	88.17

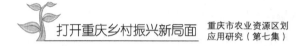

续表

指　标	2017 年	2018 年	2019 年
生猪出栏（万头）	1 751.11	1 758.22	1 480.42
猪肉产量（万吨）	129.97	132.16	112.07
规模化率（%）	22.50	21.66	24.58
生猪产值（亿元）	246.91	244.39	363.05
猪业产值占牧业产值比例（%）	47.25	46.99	53.43
猪业产值占农林牧渔业业总产值比例（%）	12.98	11.91	15.53

三、绿色发展成效显著

坚持把生态保护理念融入产业发展全过程，全面提升规模养殖场户粪污处理能力，逐步探索形成了污水肥料化利用、固体粪便堆肥利用、异位发酵床、集中处理等资源化利用模式和典型经验。畜禽粪污综合利用率、规模养殖场、大型规模养殖场粪污处理设施装备配套率分别提高至84%、98%、100%，均高于国家确定的目标任务，荣获农业农村部畜禽粪污资源化利用专项评估、打好农业面源污染防治攻坚战延伸绩效管理、生态环境部等部委水污染防治行动计划考核"三优秀"。

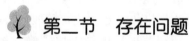 第二节　存在问题

在取得成绩的同时也要看到，重庆市生猪产业大而不强、优势不显著，存在诸多短板和问题，还需要进一步挖掘潜力补齐短板。

一、科技创新能力仍然较弱

生猪种业创新、猪肉加工、流通领域科技支撑不够，科技创新和成果转化能力不足。生猪种业缺乏核心竞争力，种猪企业综合实力不强，优良种猪长期依赖于引进；在非洲猪瘟持久战的背景下，地方遗传资源灭失风险增大；地方品种和培育品种开发利用方面科技创新投入不够、开发利用不充分，品种资源优势未能转变为产业优势。

二、重大动物疫病综合防控能力不强

规模化和标准化水平仍远低于四川及全国平均水平，大部分养殖场生

产设施简易、饲养管理粗放，养殖成本高、市场竞争力弱；种养结合不紧密、种植业施用有机肥成本增加、积极性不高，有机肥生产和施用扶持政策不够。生猪疫病流行状况总体十分复杂，病种多，病原复杂，流行范围广，非洲猪瘟等重大疫病防控形势严峻，稳定生猪生产发展、保障市场供给任务重压力大。

三、产业融合度不高

生猪生产、屠宰、精深加工等产业发展各环节利益分配与风险分担严重失衡，产业上下游融合程度低，严重制约了全产业链稳定发展、品牌建设和质量安全可追溯。生猪养殖主体依然以中小规模为主，龙头企业带动面低，品牌打造小而散，能在全国叫得响的生猪产品品牌少。

四、支持保障体系不够健全

部分区县对生猪发展重视程度不够，养殖用地、行政审批、融资担保等扶持政策"最后一公里"落地问题未完全解决。机构改革使畜牧兽医部门职能弱化，体系断线，工作脱节。据调研，33个畜牧主产区县原917个乡镇畜牧兽医站中78％并入农业服务中心，编制削减40％以上，且普遍存在"占编不在岗、专业不专用"等问题，65％人员兼职从事畜牧兽医工作，极难适应新形势下工作需要。

第三节　发展机遇

一、战略机遇

重庆市人均猪肉消费量32.13千克，低于四川省，农村常住居民家庭人均猪肉消费量绝对数低于城镇常住居民家庭人均猪肉消费量2千克左右，不断升级的猪肉及其产品市场需求将持续激发产业高质量发展潜能。双循环相互促进的新发展格局，这绝不是封闭的循环，而是更加开放的循环，为此重庆市生猪发展不仅要更好满足市内需求，还要高质量地满足市外甚至国际需求。在加快构建"双循环"新发展格局背景下，生猪产业发展仍将处于重要战略机遇期。

二、政策机遇

党中央、国务院和市委市政府高度重视生猪产业发展，尤其是非洲猪瘟发生以来，要求各级地方政府和农业农村部门要进一步增强工作责任感、紧迫感、使命感，像抓粮食生产一样抓生猪生产，把生猪稳产保供作为农业工作的重点任务抓紧、抓实、抓细，千方百计加快生猪生产恢复发展。重庆市也相继出台了稳定生猪生产十条措施，加快恢复生猪生产。《重庆市实施乡村振兴战略行动计划》也将生猪等作为重点培育的优势特色产业，在政策上将给予大力扶持。2020 年 9 月，国务院办公厅印发《关于促进畜牧业高质量发展的意见》（国办发〔2020〕31 号），作为今后一个时期我国畜牧业发展的纲领性文件，明确了畜牧业发展的指导思想、基本原则和发展目标，突出了提升畜牧业整体素质的关键措施。这必将为重庆市生猪产业高质量发展带来良好机遇。

三、合作机遇

2020 年 1 月，习近平总书记在中央财经委员会第六次会议上指出，"加快现代产业体系建设，打造西部经济中心，建设成渝现代高效特色农业带"，明确了在成渝地区双城经济圈建设中现代农业发展的战略定位。2020 年 5 月，四川省农业农村厅与重庆市农业农村委签署了《建设成渝现代高效特色农业带战略合作框架协议》，合力推进成渝地区现代高效特色农业带建设，双方将推进两地 107 个畜牧大县（市、区）规模化、智能化、清洁化健康养殖，共同打造万亿级生猪产业链。成渝地区双城经济圈现代高效特色农业带建设的重大战略决策，将推进重庆市生猪产业跨越发展。

四、现实机遇

重庆市高代次种猪场布局尚不完善，生猪规模化率不足 25%，产品加工急需提升，产业上下游融合程度低，与发达地区差距大，产业提升有空间。猪肉及其他产品消费需求保持稳定增长，常年调入生猪及其产品 400 余万头，市场消费有潜力。重庆市畜禽粪污土地承载潜力超过 4 000 万头生猪当量，环境承载有空间。非洲猪瘟疫情发生后，生猪产能严重下滑，供应出现短缺，德康集团、温氏集团等 14 家龙头企业积极在渝布局生猪产能 2 150 万头、能繁母猪产能 97 万头，发展的意愿空前高涨。部分龙头企业在重庆的生猪布局情况见表 4。

表4　部分龙头企业在重庆签约生猪布局情况

序号	企业名称	布局产能（万头）
1	德康集团	370
2	新希望六和股份有限公司	550
3	温氏股份重庆区域公司	345
4	正邦集团重庆分公司	310
5	上海东方希望畜牧有限公司	220
6	重庆农投肉食品有限公司	112
7	重庆正大农牧食品有限公司	99.7
8	重庆市六九畜牧科技股份有限公司	50

第二章　总体发展思路

第一节　指导思想

以习近平新时代中国特色社会主义思想为指导，全面贯彻党的十九大和十九届二中、三中、四中、五中全会精神，牢固树立新发展理念，以实施乡村振兴战略为引领，以农业供给侧结构性改革为主线，以成渝地区双城经济圈建设为契机，坚持市场主导、防疫优先、绿色发展和政策引导，转变发展方式，强化科技创新、政策支持和法治保障，加快构建现代生猪产业体系，不断增强产业质量效益和竞争力，形成产出高效、产品安全、资源节约、环境友好、调控有效的高质量发展新格局，更好地满足人民群众消费需求。

第二节　发展目标

到 2025 年，重庆市年出栏生猪 1 800 万头，猪肉自给率达到 97％左右，生猪养殖规模化率达到 45％，粪污综合利用率达到 90％以上，成为全国重要的生猪保供基地，生猪全产业链（包括养殖设施装备制造、生猪养殖、屠宰及精深加工、冷链物流、餐饮消费、休闲服务等）综合产值达 1 000 亿元以上。

第三章　重点任务建议

第一节　建设生猪种业高地，提升
生猪种业发展水平

继续实施生猪遗传改良计划和现代种业提升工程，健全产学研联合育种机制，开展良种科研重大联合攻关。构建与现代生猪生产相适应的育、繁、推一体化生产供应体系。新建改扩建起点高、设施一流、管理规范的现代化种猪场 50 个、种公猪站 5 个；强化地方猪遗传资源保护，支持建设荣昌猪等地方猪种质资源保种场 5 个、保护区 1 个、基因库 1 个。支持荣昌猪、盆周山地猪（含合川黑猪、曲溪猪、罗盘山猪）等地方猪资源产业化开发，培育"涪陵黑猪"等新品种（配套系），在荣昌、涪陵等区县建设特色生猪良种繁育基地。实施生猪良种补贴，开展全市优良种猪登记，加快优良品种推广和应用。到 2025 年，通过提升种猪培育水平，提高种猪价值，推进生猪种业实现产值 80 亿元。

第二节　建设饲料兽药基地，着力提升
安全生产保障水平

立足市内资源禀赋，充分挖掘市内外市场的资源潜力，支持饲料兽药企业进行技术改造升级，加强安全高效环保技术创新和集成应用，推动饲料兽药产品升级，企业产品竞争力明显增强，饲料兽药企业基本实现由大到强的转变，提升生猪优质安全投入品保障能力，促进饲料兽药行业高质

量发展。依托规模饲料企业，重点开发饲用抗菌肽、酶制剂、微生态制剂、活性肽等新型安全环保型饲料添加剂等产品；依托重点兽药企业，开发现代中兽药、无毒低药残兽药品种等生物医（兽）药产品。严格行业许可准入，完善检打联动，切实加强事前事中事后全程监管。严格执行饲料添加剂安全使用规范，依法加强饲料中超剂量使用铜、锌等问题监管。加强兽用抗菌药综合治理，实施动物源细菌耐药性监测、推进药物饲料添加剂退出和兽用抗菌药使用减量化行动试点，创建兽用抗菌药使用减量化行动示范养殖场。到 2025 年，饲料兽药行业高质量发展，实现饲料兽药生产等产业产值 100 亿元。

第三节　建设生猪产业集群，提升生猪产业化发展水平

加大招商引资，引进国内外行业领头企业来渝投资发展生猪产业，推动一二三产业融合发展，打造千亿级生猪产业链。培育年出栏 50 万头以上生猪产业龙头企业 12 家，建设 5 个优质商品猪战略保障集群。鼓励德康、温氏、新希望、正大、农投等生猪重点龙头企业发挥引领带动作用，与专业合作社、家庭牧场紧密合作，形成稳定产业联合体。因地制宜发展生猪规模养殖，帮扶中小养殖户发展，引导养殖场户改造提升基础设施条件，提升标准化养殖水平，提高生产经营水平。以"生猪良种化、养殖设施化、生产规范化、防疫制度化和粪污资源化"为主要内容，全面开展生猪标准化养殖场建设，建设一批可复制、可推广的高质量标准化示范场。支持规模生猪养殖场加快设施装备升级，推进养殖工艺与设施装备集成配套，遴选推介一批全程机械化示范养殖场。加强物联网、移动互联网等技术在生猪产业中的应用，建设一批智能化养殖示范场，提高圈舍环境调控、精准饲喂、动物疫病监测、病死猪无害化处理、产品追溯等智能化水平。加强品牌培育，大力推进生猪产品"三品一标"生产、认证，打造知名生猪产品品牌，提升品牌美誉度和市场占有率。到 2025 年，龙头企业带动，一二三产业融合发展水平进一步提升，增加生猪生产、产品精深加工、餐饮消费及休闲服务等产值 700 亿元。

第四节　建设产品加工基地，提升现代加工流通水平

持续推进生猪屠宰行业转型升级，规范提升一批生猪屠宰加工企业，开展生猪屠宰标准化示范创建。实施生猪屠宰企业分级管理，加快年屠宰生猪15万头及以下小型屠宰厂（点）的撤停并转，逐步取消代宰经营模式，鼓励养殖大县优化整合建设综合性大型屠宰自营企业。鼓励开展养殖、屠宰、加工、配送、销售一体化经营。引导生猪屠宰加工企业向养殖主产区转移，推动就地屠宰，减少活猪长距离运输，促进运活猪向运猪肉转变。鼓励屠宰加工企业建设冷却库、低温分割车间等冷藏加工设施，配置冷链运输设备。大力发展冷链仓储和冷链物流，逐步提高冷鲜肉品消费比重。到2025年，建设精深加工生产线10条，建设批发市场或交易市场2个，建设产品出口重点企业3家，建设加工产业集聚区5个。

 ## 第五节　建设种养循环基地，提升粪污资源化利用水平

推广养殖粪污资源化利用典型模式，支持生猪养殖场户等在种植业生产中施用粪肥，粪肥销售收入成为养殖场户收入来源之一。在6～10个区县整县实施以液体粪污肥料化利用为纽带的种养结合提升工程，推广液体农用有机肥管道、罐车等机械化施用方式，积极引导粪污还田利用。加强农牧统筹，推行种养结合，鼓励在规模种植基地周边建设农牧循环型养殖场户，支持粪肥就近运输利用。结合优质粮油基地、蔬菜基地、水果基地、茶叶基地建设等，建立10个种养循环农业基地。到2025年，建立农牧结合种养循环发展机制，有效促进种植业绿色发展，粪污资源化利用相关产业产值达50亿元。

第六节 建设科技创新服务中心，
提升支撑服务水平

建设川渝两地种业创新中心，组建国家生猪产业技术创新中心，开展种猪育种精准科研攻关，打造成渝双城经济圈核心区种猪业科技创新高地。打造创新平台及创新团队，开展相关领域关键技术攻关，使之成为全国生猪产业技术创新高地、生猪产业科技领域协同创新引领者与汇聚者，并具有国内国际影响力的产业技术创新平台。建设国家畜牧科学城、"重牧硅谷"、古思特创客空间等科技企业孵化器，重庆市国际科技合作基地、畜牧科学国际科技合作基地，全面建成重庆（荣昌）生猪大数据中心，打通数据"孤岛"，形成涉猪数据"一盘棋"格局。加快建设重庆市畜牧兽医云平台，整合畜牧业信息资源，推进畜禽养殖档案电子化，全面实行生产经营全产业链信息直联直报，实现全产业链信息共建共享和闭环管理。支持第三方机构以信息数据为基础，为养殖场户提供技术、营销和金融等服务。到 2025 年，通过提高科技贡献率，提升养殖生产水平，科技支撑服务相关产业产值达 50 亿元。

第七节 建设生物安全设施，
提升疫病防控水平

加强动物防疫硬件配套，完善一批动物防疫基础设施。实施区县级兽医实验室能力提升建设，支持大型规模养殖场和屠宰场（厂）自建兽医实验室，完善生猪大县乡镇畜牧兽医站基础设施，优化指定道口动物卫生监督检查站布局。完善防疫物资冷链储运设施设备。统一规划实施畜禽指定通道运输。健全畜禽贩运和运输车辆监管制度，落实清洗消毒措施。加强动物疫病区域化管理，加快实施非洲猪瘟等重大动物疫病分区防控，建立"一圈两群"3 个防控大区。引导支持有条件的区县和规模养殖场创建无非洲猪瘟小区或动物疫病净化示范场。到 2025 年，通过提升疫病防控能力，疫病防控相关产业产值达 50 亿元。

第四章 政策措施建议

第一节 压实属地管理责任

建议进一步严格落实"菜篮子"区县长负责制,像河长制、湖长制、林长制一样建立"猪长制",要把生猪产业作为重要工作内容统筹研究部署,研究制定"十四五"规划和促进畜牧业高质量发展责任清单。建议进一步强化"放管服"措施,简化养殖用地、环境影响评价等审批程序,推进"一窗受理",强化事中事后监管。建议建立完善成渝地区有关部门联动机制,加强协调配合,形成工作合力,抓好工作落实,协同推进生猪产业发展。建议建立类似"地票"制度的"猪票"制度,推动主销区县在提升本地生猪产能基础上,通过资源环境补偿、跨区合作建立养殖基地等方式支持主产区县发展生产,形成销区补偿产区长效机制。

第二节 加大用地资源保障力度

建议按照产业发展规划目标,在编制国土空间规划时,统筹支持解决生猪养殖用地需求。养殖生产及其直接关联的粪污处理、检验检疫、清洗消毒、病死猪无害化处理等农业设施用地,可以使用一般耕地,不需占补平衡。养殖设施允许建设多层建筑。加大林地对生猪发展支持,依法依规办理使用林地手续。养殖选用宜林地的,按不改变林地用途使用,不占用林地定额,不办理使用林地审批,不缴纳植被恢复费。需使用除宜林地以外的其他林地,改变林地用途的,由区县办理养殖用地手续。

第三节　加大财政保障力度

建议落实好规模养殖、屠宰加工等环节用水、用电优惠政策。落实好农机购置补贴政策，将养殖场户购置自动饲喂、环境控制、疫病防控、病死猪无害化处理和废弃物处理等农机装备按规定纳入补贴范围，实行应补尽补。建议制定有机肥料生产和施用补助政策。进一步强化财政保障，加大对生猪规模养殖、畜牧兽医社会化服务、兽医实验室、指定道口动物卫生监督检查站、病死猪无害化处理、无疫区及无疫小区、动物疫病净化场、洗消中心、特聘动物防疫专员、兽用抗菌药使用减量化行动试点、生猪屠宰标准化示范创建和冷链运输配送体系建设资金支持。

 ## 第四节　加大金融创新支持力度

建议银行业金融机构要积极探索推进土地经营权、养殖圈舍、大型养殖机械抵押贷款，支持具备活猪抵押登记、流转等条件地区按照市场化和风险可控原则，积极稳妥开展活猪抵押贷款试点。大力推进生猪养殖保险，完善生猪政策性保险，鼓励有条件地方自主开展并扩大生猪养殖收益险、畜产品价格险试点，逐步实现全覆盖。保险机构对符合条件的养殖场户应做到愿保尽保、应赔尽赔和及时赔付，不得对养殖场户、屠宰加工企业等盲目限贷、抽贷、断贷。鼓励社会资本设立生猪产业投资基金和生猪科技创业投资基金。

第五节　健全基层队伍建设力度

建议进一步加强基层畜牧兽医技术推广体系建设，建立健全畜牧兽医科技服务组织。从机构、队伍、手段、投入等方面入手，强化基层畜牧兽医体系建设，提升动物防疫监管能力和水平。参照重庆市 2017 年动物防疫体系建设标准，建立健全动物卫生监督、动物疫病预防控制和乡镇畜牧兽

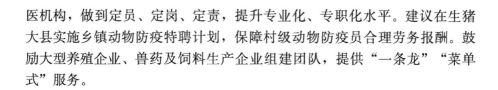
医机构，做到定员、定岗、定责，提升专业化、专职化水平。建议在生猪大县实施乡镇动物防疫特聘计划，保障村级动物防疫员合理劳务报酬。鼓励大型养殖企业、兽药及饲料生产企业组建团队，提供"一条龙""菜单式"服务。